大是文化

如何循序漸進撐起自己的野心

這世上，
比賺得少更可怕的，
是迷茫，
這本書一定可以給你
意想不到的答案。

香港自媒體第一人
擁有500萬粉絲的LinkedIn專欄作家
陳立飛（Spenser）——著

CONTENTS

第二章 如何改變人生？這其實不算野心，這是務實 81

第三章 死薪水走不向財務自由，請這般循序漸進……145

第四章 職場人最重要的素質：上桌

推薦序
任何野心都需要相襯的能力

臺灣電子商務創業聯誼會 TeSA 共同創辦人／周振驊

二〇一四年我與前輩們創辦「臺灣電子商務創業聯誼會」，每年接觸臺灣近萬名創業中的老闆與年輕人，四年下來發現一個詭異的情況：「成就大小常與年齡成反比」。在這幾年臉書（Facebook）廣告紅利的浪潮當中，能夠不顧一切 All in（全押）、賭身家的多是不到二十五歲的年輕團隊。他們在臺灣的零售市場中，營業額能快速在一年內破億，其中 Nothing to lose（沒什麼可以失去）就是他們最好的武器，這跟本書作者所描述的不謀而合。

VUCA是多變（Volatile）、不確定（Uncertain）、複雜（Complex）與混沌不明（Ambiguous）的縮寫，一開始是描述現代戰爭的轉變，現在也開始用來描述商業環境的變化。對四十歲以上的大叔來說，這是令人厭惡的情境。人生好不容易走到了半路，背負著房貸與養兒育女的壓力，甚至長輩的健康也開始有狀況，我們只盼望職涯可以更加穩定。但往往事與願違，VUCA的商業環境如同時速兩百公里的 Tesla Model S（特斯拉高性能豪華電動車）衝撞著中年美夢，朋友們多半戰戰兢兢的看待工作，誰也說不準自己的業界會不會就出現了Gogoro（電動機車）轉眼搶走了市占。

多數穩定不變的產業所需的能力是「產業經驗」、「人脈累積」、「政治操作」，這些多半需要蹲一萬小時的馬步才能小有成就。而當時間轉移到多變的年代，舞臺轉換到世界級的品牌，「思維升級」、「平臺選擇」等腦力競賽卻是一場極度壓縮時間的戰爭，一萬小時的練習還是必須，但你必須想辦法在一年（八千七百多個小時）內達成一樣的效果。

每個去對岸工作的朋友都覺得臺灣的生活品質還是樂勝（日文漢字，意思為輕鬆的贏），相對等的，商業機會也多在中國崛起。工作上的小確幸，所需要的維持成本可能越來越高，如同書中所說：「情懷的歸情懷，市場的歸市場，兩者真正交鋒時，情懷多半會敗給資本。」而我們都是商業系統中的一個元素，無法獨立於世來維持穩定：「穩定是最大的風險，動盪才有更多可能」。若無法認知到大環境動盪，無論個人工作者或企業都很難再談基業長青。

《如何循序漸進撐起自己的野心》，是一本特別適合「想在職場彎道超車的年輕人」的書，但如果你只「想要工作的平順安穩」，也可以看看新生代在大舞臺是怎麼拚搏的，若不了解他們的野心、狼性，難保哪天就被這些對手吞噬。唯作者還年輕，產業是在金融與文創業，是否所有觀點都能一體適用？以及個人該如何在野心與人生中取捨？我想，那又是另一個一輩子修練的篇章了。

序言

你說我有野心，其實我循序漸進

今年一些嗅覺敏銳的大咖，紛紛在第一時間捕捉到在互聯網時代，個人能量的強大。比如，生涯規畫師古典老師積極推動的「超級個體」概念；互聯網營銷資深人士吳聲寫了本書《超級IP》，以及比特基金發起人李笑來老師所強調的未來商業，一個人就是一家公司……。他們相信個人的價值會被無限放大，達到很多人無法想像的規模。幾個人就可以做出一份頗具規模的財經週刊，比如《李翔商業內參》[1]。

「自品牌」算是我自己創造的概念，前幾天收到李笑來老師的邀請，在「一塊聽聽」平臺上做分享，主題就是「如何打造自品牌讓你迅速增值」。因為透過我自己這兩年的實踐，結合自媒體和商業、文字和職場，確實讓我從個人收入到影響力，都達到自己一年前想像不到的地步。

1 為中國的網路發行商業週刊，後來改名為《李翔知識內參》，現已停止更新。

所以當投資人、品牌專家李倩老師在跟我聊天時說：「未來的商業，不再是管道的競爭、不再是價格的競爭，一定是品牌的競爭」，我特別同意她的觀點。在人人都可以是自媒體時代，每個人都需要做自品牌。相信我，它會給你帶來意想不到的溢價。

不能形成個人品牌的努力，都是偽努力

二〇一七年，我的身分發生了不少變化，從打工到自己開公司、從員工到老闆、從領薪水到發薪水。職場身分角色的轉變，會帶來一系列思維上的升級。

我開始理解**為什麼很多人明明很努力，最後卻還是沒能擺脫平庸，不是差在行動，而是錯在思維**。正如人生從來不公平，努力和回報也從來不對等。所以說**不能形成和強化個人品牌的努力，都是偽努力**。努力是必要的，但決定差距的是，在哪個平臺上努力。**你可以現在沒有賺那麼多錢，但是你一定要讓自己很值錢**。很多人只有薪水思維，沒有股權思維，不知道怎麼造勢，只想要現在，看不到未來。

李靖（公眾號李叫獸，創立北京受教信息科技有限公司，後來被百度收購），二〇一六年末成為百度最年輕的副總裁，完成了人生的華麗升級。兩個月前我和他一起喝茶

時，發現他居然是一九九一年次的，讓我自嘆不如。對於未來的規畫和想法，他的思路非常清晰，所做的每一件事情，都非常聚焦。最終他實現了個人品牌的超大溢價，成為百度最年輕的副總裁（李靖已於二〇一八年四月離開百度，但他把公司賣了一億人民幣〔約新臺幣四．五四億元〕）。在我寫的〈你和頭等艙的距離，差的不只是錢〉[2]一文中，說了這麼一句話——你的思維，才真正決定了你的階級。

這段時間我在籌備自己的學習社群，整理自己的知識系統，希望自己的想法和思考，能給你帶來啟發。

穩定是最大的風險，動盪才有更多可能

我越來越發現，在現今的職場生態下，所謂穩定也是一個笑話。在社會階級不怎麼流動，時代機遇不太多的年代，穩定是好的、是保障，不穩定的風險大過可能產生的收益。

2　可參考第二一三頁。

但是在現今這個到處是風口和機遇、不知道未來是什麼樣、充滿無限可能性的年代，穩定的風險反而急劇增加。因為當四周的浪大了，穩定的船又有什麼用呢？不穩定的人反而有可能撞上機遇、踩到風口，藉著互聯網的浪潮，一下子就起來了。

其實在傳統穩定行業裡的人，比如體制內的公務員，只要他們夠聰明，對外界的變化夠敏感，這些人往往更焦慮、更害怕落後、更覺得自己需要學習成長。而在外面職場的叢林裡不斷打拚奮進、撕裂般成長的人，雖然辛苦，但其實內心是踏實和充實的，他們知道「成長很累，但不成長更累」。因為看得到自己的進步，對未來的趨勢判斷更加準確，職場素質也在不斷提升，所以他們也會更加自信。

未來職場沒有絕對的穩定，只有動態的平衡。只會有穩定的能力，不會有穩定的工作。終身學習已不再是讚美，而是每一個職場人應該具有的標準配備。但可惜的是，很多人都還沒有意識到這一點。他們還在用傳統的老觀念、老思想來幻想自己未來生活的樣子，甚至，那些僅有的思想都不是他們自己提煉的，而是父輩們餵給他們的。大樓已經開始崩塌，一些人卻還想著進入，手裡拿著出現裂痕的鐵飯碗，眼裡充滿了即將破碎的希望。

時間過得好快，快到每一個月、每一週都在打仗，沒有太多時間細細品味當下。時間又過得好慢，經歷太多、起伏太多、收穫太多，像一場大戲、像一部小說。但我相信，互聯網時代，至少會給每個人一次個體崛起的機會。

第一章

如果你對現狀不滿，請先認清這幾件事

01 寧對時間焦慮，好過對時間無感

普通人和強者的差別就是：時間成本的高低。當財富達到一定高度後，你其實就會用金錢的價值來衡量時間。

幾年前我還在香港念研究所時，認識一位BCG（Boston Consulting Group，波士頓諮詢公司）的高階主管，她每天都很忙，不停的飛行、參加會議、打電話。

我：「妳這麼忙，和妳聊天都覺得很有壓力，害怕浪費妳的時間。」

她：「客觀的講，我的時間是很貴的，你知道有個詞叫 hourly rate（每小時工資率），也就是如果客戶要買你的一小時，市場價位是多少。」

我：「妳的每小時工資率有多少？」

她：「七百美元（約新臺幣兩萬兩千元）。」

我的天，夠我當年一個月的飯錢。

沒有什麼成本比時間成本更高

我發現自己對錢的敏感度越來越差，因為錢肯定會越來越多；而對時間的敏感度則越來越高，因為時間越來越少。我一直相信，抽象的時間價值，是可以用具體化的金錢來衡量的。你覺得自己的一小時值多少錢、你的一天值多少錢，基本上就能判斷你在什麼段位。

網路上有個詞一直很火，叫放棄你的「無效社交」，意思是說很多社交是沒有意義的，只有自我增值才沒有浪費時間。這句話是對的，但是判斷的標準是什麼呢？當一個人的時間本身不值錢時，就很難判斷哪些是有效的、哪些是無效的。因為即使節省了所謂無效社交的時間，多出來的時間，也沒有用在發揮更大價值的地方，更談不上產生更大的收益。所以，對普通人來說，放棄無效社交就是一句正確的廢話。

正如另外一句話：「要把時間浪費在美好的事物上」。其實這句話對很多人來說也是假議題，浪費的前提是要有價值呀，如果一個人的時間價值本來就低，哪來浪費可談。就好比談戀愛，你判斷一個男人是不是真的愛妳的標準，不是看他是不是和妳在一起，而是他為了妳，拒絕了多少個喜歡他的女孩。

普通人和強者的差別就是：時間成本的高低。當財富達到一定高度後，你其實就會用金錢的價值來衡量時間。你一小時一百元（約新臺幣四百五十四元，本書之後提到的幣別，若無特別註明均為人民幣，人民幣與新臺幣換算的匯率約為四．五四比一），和一小時一千元，甚至一萬元，分量當然是不一樣的。一個人財富的累積程度和他對時間的吝嗇程度，一般都是成正比的。

這時候就會發現，你捨不得花兩、三個小時去電影院看一部電影，因為花的時間比電影票貴太多，如果電影還不好看，那簡直是嘔死；你捨不得花時間和沒有深交的朋友吃吃喝喝聊些有的沒的，於是你自然摒棄了無效社交；你捨不得買東西時貨比三家，而更傾向於多花點錢來過濾，你這不是用時間換錢，而是用錢換時間。

能用錢解決的問題，就不要花時間——這句話開始成為你的準則。

你怎麼過一天，就怎麼過一生

網路上有句話我特別認同：**如果你想找人幫忙，去找那個特別忙的人幫忙，而不是去找那些比較閒的人**。因為那個忙的人，只要答應幫你，就一定會很有效率的把事做好。反倒是那個閒的人，很可能會拖延，最終幫不了你。

人成功之後，因為影響力更大，可以做更大的事情了，選擇退休無所事事的成本已經大到根本無法計量。換句話說，他的時間更值錢，怎麼捨得浪費。所以，說白了，這是人性，就像人性裡無底洞一般的貪婪、無休止的欲望。一個成功人士，只會把事情的優先順序做個調整，而不可能只選擇悠閒的生活。財富越多，責任越大。

所以，當假期結束，大家都回工作崗位，如果一個人的狀態是「假期居然就這麼快結束啦，我還想多玩幾天，沒休息夠呢」，那麼，很抱歉，這種心態的人，大多數（不是全部）事業還沒有進入飛速上升期。

很多人不理解所謂工作狂的生活方式，總覺得他們只有工作，沒有生活。其實不然，這些人確實在有意無意壓榨自己的假期，但他們有一套自己獨特的作息時間。或者說，他們並不覺得別人在度假休息，自己就也要休息。

時間更自律，人生才更自由。

真正的強者都是反社交的

我發現，當我們還在渴望社交時，很多強者的行為，往往是反社交的。比如，我們熱衷去高格調的場子，就可以結交些所謂的人脈；有什麼飯局都要去參與，說不定有意想不到的收穫。那時候的我們，會更重視可能存在的價值，而不太關注時間沉沒成本。但你會發現另一些人，他們生活更簡單、更有規律，所以更專注、更有效率。因為他們早早便明白一個道理——大多數事情，都是沒有意義的。

所以我有個理論：**你要了解一個人的段位，你只要看他如何處理自己的時間，和如何對待你的時間**。

我最不能容忍的就是找別人代購還挑三揀四的人，這就是典型的覺得對方時間不值錢。所以當現在還有人問我說我在香港，能不能幫他代購某樣東西時，除非我們關係好到不行，不然他就是不尊重我的時間，一定不是我的好朋友，而我一定會拒絕。

約會時女孩平白無故的遲到一、兩個小時，沒錯，一次、兩次的話可以被原諒，順便編兩句「親愛的做什麼我都喜歡」這樣的鬼話。但如果總是這樣，我不得不懷疑妳的價值觀，難道我愛妳，是為了被妳消耗成沒有時間觀念的傻瓜嗎？

我有個讀者每次向我諮詢一個問題時，都會很主動發一個金額不小的紅包[1]，並且說如果我沒有時間回答也沒關係，搞得我都有些不好意思。我說：「妳不用這樣，搞得我都無法拒絕，不戳紅包是違反人性的，好嗎。」她很嚴肅的說：「當彼此的時間價值不對等時，這是唯一展現尊重時間的方式了。」

這不是錢的問題，我也不缺這些錢。這是意識層面的，這ＥＱ真高啊。所以，你認為自己的每小時工資率值多少，就大概知道接下來，哪些東西值得追逐、哪些東西應該放棄。

寧可對時間焦慮，也好過對時間無感。

1 把紅包透過網路發到各自的智慧手機微信帳戶上，相當於透過微信進帳收錢。

02 打工者思維的人，將被淘汰

選工作時，薪水是應該考慮，但更要看你工作的平臺和你跟的老闆如何。平臺決定你的眼界，老闆往往能升級你做事的思維。

這兩年我開公司做團隊，從領薪水到發薪水、從對上級負責到對公司負責，除了身分的轉變，其實更大的變化來自不同身分帶來的一整套思維變化。

領薪水時，想的是薪水什麼時候入帳、年終獎金有多少、明年會不會加薪、我出了多少力、拿了多少錢？

而做老闆呢，想的是我花出去的薪水和成本、未來怎樣才能賺更多的錢、如何讓團隊和自己的時間價值最大化？

慢慢的我發現，自己原來那一套打工思維所帶來的局限和陷阱，就是很多人的職場天花板。

打工思維掙現在，股權思維要未來

兩者最大的區別在於：**打工者思維多追求當下的穩定**，即所謂穩穩的小幸福、每天的小確幸；而**股權思維看重的是未來更大的想像空間，甚至可以為此犧牲還不錯的眼前利益**。說白了，打工思維要的是現在，一分錢一分貨的小作坊買賣心態；而股權思維要的是未來，可能一夜暴富，也可能一無所有，玩天使投資[2]和槓桿收購[3]，多少有點賭徒心理。

我倒不是說看重現在就是錯，看重未來就一定好。因為這本質上屬於風險保守型和風險激進型的區別，風格不同，沒有對錯。但問題是，在現在這個時代，哪種思維更有利於長期發展呢？

這個時代，如果還有人跟我談穩定、談保障，我會覺得是個笑話。不管願不願意，我們都被拋進時代快速發展的漩渦裡了，而且未來的加速度還會越來越大，我們現在處的，既是最好的時代，也是最壞的時代。

---

2 指提供創業資金以換取可轉換債券，或所有權權益。
3 藉由舉債借入資金來收購其他資本較大的公司。

我相信未來很多行業都會重新洗牌，或者加快洗牌的速度。傳統銀行業的日子會更加艱難，互聯網金融會漸漸滿足大眾理財需求，當政策更加開放，全套金融服務體系將更加完善。

我相信線上教育會真正迎來春天，從喜馬拉雅[4]、得到[5]等App平臺增長的付費用戶，和不斷進場搶奪賽道的投資人就看得出來，傳統線下教育的市場份額會逐漸縮水。再加上AI（Artificial Intelligence，人工智慧）和VR（Virtual Reality，虛擬實境）正以超乎我們想像的速度奔向大眾的視野，更多行業會失守城門。

我經常說，我的總結只代表過去，不代表未來。我的未來判斷，也只看到三個月。這點我特別欣賞混沌大學[6]的李善友教授，每次他發表完長篇大論，末了都要加一句：「我所講的，可能都是錯的」——我很欣賞他這一點。

或許在不遠的將來，會有一大批所謂工作穩定、旱澇保收[7]的人在困惑，為什麼人家的收入在指數級增長，我的收入卻連維持基本的線性增長都困難？

雖然互聯網的想像空間很大，但我覺得還是有很多人，低估了互聯網對自己生活和職業的衝擊。「眼看他起朱樓，眼看他宴賓客，眼看他樓塌了。」今後，這種場景我們會更習以為常。

那些執著於當下打工者思維的人該醒醒了，**只看當下的人，一般都贏不了未來**。

打工者思維的人，在意所謂價值對等

給多少錢，就賣多少力氣，其實這是在扼殺自己的職場未來，拿自己的青春開玩笑。

我的觀點一直是，選工作時，薪水是應該考慮，但絕對不是第一位考慮的因素，更要看你工作的平臺和你跟的老闆如何。平臺決定你的眼界，老闆往往能升級你做事的思維。好的老闆會經常讓你覺得自己的想法太年輕、太簡單，有時天真。

同樣兩個人，目前都是一個月一萬元的薪水，但因為平臺和老闆的不同，幾年後，可能一個人月薪十萬元，另一個人卻只有一、兩萬元，或者更慘，甚至面臨失業。真的，這樣的現實例子太多了。年輕人一定要爭取到好的平臺去發展，哪怕人家不付給你薪水，哪怕給他們端茶、送水、做實習，因為你其實是在投資你自己和你的未來。如果去一個普通

---

4 為線上音訊分享平臺，內容匯集有聲書、兒童故事、相聲……。

5 為邏輯思維的羅振宇（羅胖）推出的知識服務App，包含付費課程、有聲書……。

6 為中國的線上商學院，提供文章、視訊課程供學習。

7 指無論發生旱災抑或澇災，都能保證收成的利益。

的平臺，賺一些固定的小錢，等於把自己最寶貴的幾年青春賤賣了。

事業的大小除了與平臺的大小有關外，更重要的是取決於個人的天花板在哪兒。打工者思維的人，往往把一份工作想得太淺了。

我前段時間經常責備我團隊裡的人，把我交代給他們做的事情想得太簡單了，能不能再多思考一下、多想幾個面向。比如你做的是助理，弱者思維的人會認為這份工作不過就是個打雜的，處理一些簡單的瑣事就好；而強者思維的人，會把這個職位當成公司的最強資源擁有者來對待。

像我自己公眾號[8]的助理，除了幫我寫的文章校對和排版外，其實她也擁有了我新媒體這塊幾乎全部的資源。一些品牌方來談商務合作，一般都會先聯繫她，因為我自己沒那麼多時間，所以她就擁有了接收各個品牌的人脈資源和管道關係。她管理我幾十萬用戶訂閱的公眾號，和管理幾千、幾萬訂閱的公眾號，整體體驗和感受肯定是不一樣的，思維方式也會差很多。

不管她現在從我這裡賺多少錢的薪水，那都是小價值；她真正的收穫是，得到面對和處理各類問題的思考方式，以及更優質的人脈資源。這兩點會讓她價值倍增。

這世上從來沒有簡單膚淺的工作，只有簡單膚淺的人。

不做的風險最大

很多人都自我設限、自我封閉。我和朋友或團隊聊一些新穎題材時，經常聽到：「這個我不擅長、這個我不知道、這個以前沒有做過呀」，然後就覺得和自己沒什麼關係了。

不會就學呀、不懂就去了解呀，沒有嘗試過，所以才更要看看可能性啊。因為怕犯錯、怕打臉、怕沒面子，所以小心翼翼呵護自己可憐的自尊心，和僅存的驕傲感。但是如果一個人永遠只做自己能力範圍內的事，收穫的就只是價值的存量，無法產生新的收入和價值的增長點。所以你的收入和能力，永遠只是一條可預見的，並不令人興奮的線性增長曲線。

也許在目前的環境裡感覺很舒服，但是，相信我，**這個年代任何舒服都只是暫時的**。互聯網高速發展的特點，決定了我們在做事業時一定要做增量市場，而不要做存量市場。**增長**才是這個時代最有魅力的詞語。但是，增長是要付出代價的，需要一顆好奇的心，需要一份嘗試新可能性的勇氣、需要不怕失敗的強大心臟，和自嘲、自黑的幽默心態。最重

8　指開發者或商家在微信公眾平臺上申請的應用帳號。

要的，就是承認這個世界是動態的，很多事情你是看不懂的，但是，你要做遊戲的參與者，而不是旁觀者。所以，應從「我應該不行」，換成「要不試試，可能很好玩」。

你要相信，**這世上最大的風險，就是什麼都沒做**。

還在用靜態的眼光看這世界，你只會越傻越迷茫。和時代共振，你才會找到既焦慮又舒服的頻率。畢竟大多數人都處在資本累積的初始階段，所以我們都是打工者。雖然是打工者的身分，但一定要跳出打工者的思維，因為：**今天越安逸，明天越危險**。

03 現在賺不了大錢，但要讓自己越來越值錢

你所有努力的回報，不光是和努力程度成正比，還與你所在的平臺規模正相關。

每當微博熱點爆出明星出軌的新聞，我的第一個反應是，我的天，又多一個；第二個反應是，估計今天的公眾號寫手們有的忙了，這種時效性的熱點，必須蹭[9]啊。果然，幾個小時後，關於婚姻的愛與性，關於出軌的道德與審判鋪天蓋地，連保險業也伺機打劫湊個熱鬧——「再多的甜言蜜語都不如保險的不離不棄」。想到當年的王某某、文某等，都是一樣的套路，類似的角度，好熱鬧、好無聊。

戲再好，看多了，也會厭倦。咀嚼的，都是別人情場的風流，嚥下的，永遠是自己生活的苦水。

9 指借用別人在互聯網上的熱度，進行自我或自我相關內容的推廣營運，以達到獲取更多互聯網流量的目的。

有一次和助理聊起這些話題時，她嘆了口氣，抱怨了一句：「為什麼人家都已經出軌了，而我還沒上軌？」我眼前一亮，破口而出：「我的天呀，妳這角度厲害。好話題！」

對呀。撇開那些被說爛的話題，拋棄所謂的道德是非，好好問一下自己，為什麼自己也辛苦努力，卻沒有踏上職場的快車道、人生的加速軌道？

朋友經常對我說：「史賓賽，你這兩年的人生是開了掛[10]呀，起來的速度也太快了。」讀者們也經常留言跟我說：「一直看你的文章，看到這樣的成長速度，覺得當時你還沒崛起時就關注你，果然沒有看錯。」

我有時也會比對自己的過去和現在，為什麼都付出同樣的努力和辛苦，過去幾年壓根沒起來，甚至還越活越覺得未來沒有希望，但現在卻以自己當年根本想像不到的速度在上升。區別到底在哪裡？

選擇對的平臺比努力重要

我以前當老師時，那日子過得其實比現在還要忙碌。教書時傳播思想、知識、理念、價值觀，給兩個班級一百個學生傳道授業，而且一傳就是三年，一樣的用戶群體，量小，且沒有增長。而現在在公眾號上寫文章，也是傳播理念、價值、態度，卻是在互聯網的平臺，面向幾十萬的用戶，偶爾寫幾篇爆款文[11]後，更是達到幾千萬的傳播量。那是完全不同的兩種量級。先說明，這完全是個人選擇和觀點表述需要，無關對錯。同樣是個人品牌，因為在不同平臺的曝光，達成指數差別的傳播率和影響，從個人品牌成長的角度來看，哪個更強，一目了然。

前段時間在北京和新東方[12]的明星講師艾力一起吃飯。艾力在上綜藝節目前，在新東方算是一個中等偏上的普通講師，但後來因為參加了《超級演說家》，再後來上了《奇葩說》這類千萬級曝光量的節目後，身價暴漲，知名度和影響力暴增，一躍成為新東方頭牌。比普通新東方老師的晉升之路，快了不知道多少倍。艾力的光速上升，並不是因為授課能力突然變好了，而是在一個更大的平臺上展示了自己。所以他的努力，會得到巨大的回饋。

所以，明白了嗎？**你所有努力的回報，不光是和努力程度成正比，還與你所在的平臺**

10 為網路流行用語，多用於驚嘆別人的成就。
11 指點閱率高的文章。
12 中國教育培訓機構。

規模正相關。不要再用努力的姿態來感動自己，而是要靜下心來反思一下，我的努力，如何放在更大的平臺上。那些一直在大城市打拚的人，哪怕每天忍受著早晚交通尖峰，租幾坪的空間，面對焦慮的城市節奏，和並不怎麼明朗的未來，其實是值得尊敬的。因為大城市的平臺，確實給每一個打拚的個體更大的想像空間、更多的人生可能。

我們可以忍受當下的局促，因為我們要的是未來。

以時間來沉澱出個人價值，深耕、迭代

剛才提到要在更大、更高的平臺上努力，那是努力的橫向座標，而努力的縱向座標是，你所做的事情，努力的方向，都是為了形成自己的個人品牌、都是為了鞏固個人的標籤。年輕時，賺不賺錢都沒關係，因為在我們看來，你現在賺的錢都是小錢；你現在存不存錢也都沒有意義，因為存的錢一般都買不起房。**你可以現在賺不了大錢，但是你一定要讓自己越來越值錢**。

我在給大學生或研究生們做分享時，經常講到的觀點是，職場上盡量不要從事不利於自我品牌認知的事。比如你開個 Uber[13] 專車，一個月也有上萬元收入，但是人家的品牌認

知是對 Uber，而不是對你。說白了你是沒有價值的，所以未來收入也不會因為經驗或經歷有大幅增長。比如我的公眾號隨著用戶訂閱量大了，也會接一些我看得上的，或者我自己喜歡的品牌，在文末給他們植入廣告，但其實心裡清楚，寫廣告好處是給自己帶來不錯的現金流，但無法形成除了ＩＰ（Intellectual Property，智慧財產權）之外的個人品牌價值。

想明白這點後，一定會在不久的未來，在做好個人品牌的前提下做出取捨。這點在商業上很好理解，舉例來說，你幫一百個不同的品牌打廣告，和幫自己個人品牌做一百次宣傳，前者除了推廣別人的品牌外，不會給自我品牌帶來溢價，而後者是會品牌沉澱，形成品牌價值的。而品牌價值，意味著更大的商業價值，更大的未來。

所以現在很多機構和公司來和我談合作，我會和他們說，如果你只想讓我做個管道，那我們就不談了吧。要麼我們參股或控股，總之，我們合作，一定是有著更大的未來，而不僅僅是有一單做一單，賺點外快錢而已。

在職場上也一樣，我們所做的任何事情，都是在強化別人對你個人品牌的認知，不管品牌是好的或是差的，我們當然是希望往好的方向去努力。因為一個人沒有品牌，就沒有

---

13 優步是一間交通網路公司，以叫車應用軟體連結乘客和司機，提供載客車輛租賃，和及時共乘的分享型經濟服務。

信用背書、就沒有背後的商業價值、就更不用談品牌溢價了。那要怎麼做才能形成自己的個人品牌？品牌最大的朋友和敵人，都是時間，因為**時間才能沉澱出品牌價值**。

深耕其實挺好理解，就是在一個專業領域不斷精進，做到極致，成為行家，成為細分垂直領域的品牌標籤，得到別人或至少行內認可，個人品牌自然就出來了。

迭代會更加進階，因為深耕是靜態的，而迭代是動態的，是根據外部環境的變化，或者自身進化的需求進行的。因為社會在進步、技術在提升，就會要求每個個體不斷更新。尤其在現今的互聯網社會，任何商品的迭代速度都越來越快，看智慧手機的廝殺就知道了。你只能領先幾天，後面全是追殺。沒有迭代能力的品牌，即使形成了品牌優勢，也會在時間的洪流下，被凋零、被遺忘。

我覺得自己很幸運的是，這一、兩年來，自己的職場、生活、思維都在不停的更新迭代，所以還算沒有讓那些一直關注我的讀者失望，覺得我還是有營養、有乾貨[14]，沒有浪費他們關注的時間。

04 你現在的圈子，就是你的未來

圈子外的人，看到的是發生的現象；圈子裡的人，看到的是內在的邏輯，才會早一步嗅到行業目前的變化和未來的方向。

有一次和微博公眾號大V（獲認證的意見領袖）的錢皓見面，聊關於新媒體未來垂直內容的商業模式，互聯網金融和跨境金融的未來。他之前在IDG[15]（International Data Group，國際數據集團），對行業的洞察和判斷前瞻且獨特。

聊天的過程中，他說了很多觀點，其中最讓我有共鳴，也是談話中最有價值的觀點是，**如果真正想做一件事，就一定要儘早的融入行業內部圈子，更加核心或者更加前端，圈外人只有等到變化了才行動，就太慢了。**

14 指有意義的東西、可以作為方法論的知識、經驗等。

15 為全世界最大的資訊技術出版、研究、發展與風險投資公司。

我自己是心有戚戚焉的，真的就是這樣。

你的圈子就是你的眼界和格局

人們常說一句正確的廢話：「選擇比努力更重要。」但問題是如何做正確的選擇呢？前提是要有更高的眼界和更大的格局。那麼如何獲得更大的格局，更高的眼界呢？

你的圈子，決定了你的眼界和格局。

在各個行業，圈子外的人，看到的是發生的現象；圈子裡的人，看到的是內在的邏輯，才會早一步嗅到行業目前的變化和未來的方向。

在事件還沒有成氣候前，在獲得大眾認知和理解前，提前做好布局，越早踏出一步，越能獲得寶貴的時間優勢。要知道，現在的商業，做一件事情，時間的早晚，往往是能決定成敗的。一條跑道就那麼多人，早進來的人卡住了位置，外面的人，要麼沒機會進來，要麼花更大的成本擠進來。

就像微信公眾號，二〇一三年羅輯思維[16]和網路作家菜頭等第一批進場時，一片藍海。二〇一六年羅輯思維七百多萬用戶訂閱，十三．二億元估值，論商業變現能力，可以說是互聯網第一大帳號。

二〇一四年財經作家吳曉波開了吳曉波頻道，搶占財經自媒體領域，不到兩年時間累積了兩百多萬用戶訂閱。其實論當年的江湖地位和名氣，吳曉波是在羅振宇之上的，但就是來晚了。二〇一五年大家都看明白自媒體的ＩＰ魅力和流量價值，開始紛紛搶占時，此時的獲客成本已經更高。

藍海已經變成紅海。如今當還有人說我想開通個微信公眾號來創業時，我們也只能付之一笑了，因為現在都已經是直播和行動視訊的時代。大勢已去，無力回天。

錢皓說，近年ＡＩ和ＶＲ很熱、很火，但是並沒有真正體驗過，無法理解這個技術革命的價值，前段時間去了趟矽谷，開始真正相信這玩意兒真的能改變世界。你不在這個行業內部圈子裡，你無法深刻理解一樣事物的現在和未來。等大家都理解、明白過來時，你再進場，就沒什麼機會了。

16 為中國媒體人羅振宇與朋友共同創業的純網路節目。

不要等風走了再行動。

平臺就是圈子

半年前，我之前的助理拿到上海奧美的入職通知書，開始了廣告人的職業生涯，這半年我和她都在各自領域低頭耕耘，聯繫不多。某天在上海時，約她吃午飯，從氣質、談吐、想法，能看出這半年她在奧美的成長。

「在這裡，能夠跟甲方全球級別的人一起開會，內心經常很心虛，想想就我這資歷，怎麼可能呢？」

她說到奧美後，陸續收到好幾家，當年她投簡歷時，被拒絕的公司的入職通知書，之前是3.5A級的，現在她是4A[17]了。之前愛理不理，現在高攀不起，算是對這句話的詮釋了。況且還那麼年輕，就踩在了一個較高的平臺，前途不可限量。

我現在開始覺得在不同級別的平臺，對一個人同樣程度努力的付出所帶來的效益，完全是不相等的。就像之前是靠販賣自己的勞力賺錢，後來開始用資本賺錢，再往後開始直接用資源賺錢，付出可能越來越少，但是回報越來越大。一個人如果長期處在同一個段位的平臺，儘管孜孜不懈的辛勤工作，頂多就是獲得穩定線性增長的收入或成長曲線，肯定追不上房價增長的速度。但是如果能進入一個更高的平臺，會發現整片天空都是不一樣的，思考的高度和連貫度也大有長進——恭喜你，進入職業的快車道了。

並不是說努力不重要，只是，我們真的需要有更正確的努力姿勢。因為在當下，辛苦是廉價的，對吧。

先在你的那一行混出江湖地位

做文化傳媒和互聯網的，多半都要搬到北京來，哪怕北京各種硬體設施實在糟糕，因

17 美國廣告代理商協會的簡稱，全稱為The American Association of Advertising Agencies，協會成員承擔著全美七〇%至八〇%的廣告業務量，目前進入中國的國際廣告公司多為該協會會員。

為這些圈子都在北京。行業最優秀的人和最雄厚的資本在這裡，你不來到這裡，就可能一直是霧裡看花、隔岸觀火。看到的不夠直接，就導致理解不夠深刻、行動慢半拍、一直都是圈外人。

一線城市的房價暴漲，除了周邊城市也跟著漲，其他二、三線城市似乎沒什麼動靜，這就是一線城市巨大的虹吸效應[18]。而圈子也是一樣，資本和人才都在高密度的地方。

有很多人不滿足於現狀，不甘平庸，但是又不知道從哪裡開始改變，因為自己四周的圈子就是自己眼界所能及的世界，看不到更多元的可能性。所以我為什麼還是一個大城市論者，說白了，就是圈子更密集，更前瞻，帶來更豐富的可能、更高維度的視野。當身體在城市圈子裡時，每天都有可能與四周的訊息、各個行業的人，發生碰撞、擦出火花。說不定某個機會或風口就被你抓住，一下子起來了。如果你在千里之外的小城，除了每天冥思和臆想，難道要等機會自己長腿飛奔向你嗎？

我平時一半的時間在香港，另一半的時間在北上廣深杭（北京、上海、廣州、深圳、杭州）。沒辦法，資源的密集度讓業務集中在這些城市裡。前段時間新世相的活動「四小時後逃離北上廣」[19]，撩了大眾想要短暫離開的敏感神經，但心裡都清楚，這是逃離不了的北上廣。這些城市，就像是黃埔軍校，在這裡歷練幾年，思維、格局、想法，都會不斷的更新和迭代。**和時代同步是很重要的**。

當然，這不是沒有風險，因為進入一線城市並不保證一定會融入圈子，在城裡的大海裡淹死了，或者一直漂浮著上不了浪潮之巔，機率也是很大的。風險和收益的規律，放在哪裡都合適。就像當年如果我沒有選擇去香港，就趕不上大眾海外資產配置的這一波浪潮，也不會想到開公眾號做自媒體，更不會有後面的故事。

你也許不能預見未來，但至少能增加被幸運女神看上的機率。不管未來是什麼樣，總要先把自己這副皮囊扔進這座城市，嗆幾口水，只要沒有淹死，慢慢學會游泳、慢慢學會掌控，當下一波大浪真的來時，看有沒有機會，站上浪潮之巔。

還有一點，進入一個圈子，和融入這個圈子，是兩碼事。畢竟，真正混好圈子的難度，不亞於混進一個階級。我們能做的，也只有不斷修練自己的核心競爭力，**成為行業專家**，**獲得業界認可**、**獲得江湖地位**，才能真正成為圈內人。

另外，時間別拖太久，一步慢，步步慢。

18　指具有優勢地位的城市，能夠將周邊城市、中小城市和小城鎮的資源要素吸引過來。

19　為一營銷活動，宣稱在限定的四小時內趕到北京、上海、廣州三個城市的機場，共準備了三十張往返機票，馬上起飛，去一個未知但美好的目的地。

05 要自嗨、要自黑，要有目標截止日

職場上看中的是結果，不在乎過程。身體體質不好，得到的不會是同情，而是被替代。

某年年初時，上海的房價又迎來一波大漲。我的一位客戶前一年準備出手買上海的房子，耽擱了，這一年得花更多的錢。他無奈調侃：「上海的入場券是越來越貴了。」我苦笑：「何止是上海，北京、深圳、香港，哪座城市的門檻低了？沒有最貴，只有更貴。」

有時候覺得，大城市就是一個「吸血鬼」，吸掉你最好幾年的青春和精力。你白天堵車、晚上加班，租著香港不到七平方公尺（約二．一坪）的臥室，為了省租金，恨不得去當「廳長」（睡客廳）；吸著北京的霧霾，還自嘲說霾是「北京醇」。你存不了什麼錢，你投入了所有，你幫助創造著這座城市的奇蹟和繁榮。但即使這樣，並不保證一定能拿到這座城市的入場券。而且，最終沒拿到入場券，是大多數人的宿命。幾年後，容顏已回不去，蛻變卻沒到來。

當他們黯然離場，城市都聽不到他們離開時的嘆息，因為這座城市的聚光燈都打在成

功者身上、城市的麥克風都握在成功者手裡。在一座勝出率不會高於二〇%的城市，你能做的，就是和內心的不甘握手言和。畢竟，我們中的大部分人，都不會成為傳說。所以，有時候我也經常問自己，當年義無反顧的離開家鄉，巨大的放棄、巨大的投入，來爭取這種小機率的成功，好像和賭博也沒什麼區別。

在香港中環交易廣場有一個露天場所，對面是維多利亞港，另一側是干諾道中，旁邊圍著是 J. P. Morgan（摩根大通集團）、IFC（International Finance Centre，國際金融中心）等一批金融大廈。坐在這裡喝咖啡，陽光能照到自己，感覺很好。從大廈裡出來的人，男士金融派頭、女士白領風。抽著香港特有的白色菸，他們不太多說話，一般都微皺著眉頭、或者低頭看手機、或者抬頭看維多利亞港，眼神複雜、經常放空。我看著他們，想著，他們在最貴的地段，領著比普通人多幾倍的薪水，做著一般人都羨慕的工作，他們此刻在想些什麼？他們對自己的事業和生活滿意嗎？

中環的夜景是最美的，因為中環的大廈裡晚上加班的人最多。去坐一下晚上十一、十二點中環站的地鐵，車廂裡燈光明亮，全是西裝革履的人，你會誤以為現在是傍晚下班時間。這時候，你能由衷的體會到一句話——**看到的都是光鮮，看不到的都是苟且**。

上週在北京見了一些互聯網公司的人，很多都是九〇後，年輕、熱情，眼裡裝著夢想，笑容讓你覺得北京好年輕。我特別希望他們能夠拚出來，幾年後心裡踏實下來，可以在這座城市繼續下去。在北京的姊姊家坐著喝茶，聊著北京和香港同樣作為一線城市的生活成本的區別。我說在香港妳月薪低於一萬五千元港幣（大約新臺幣五萬九千四百元）就不要談體面。她說這樣比起來，北京就是一個特別包容的城市，月薪低於五千人民幣的人也有他們的活法。

確實，在大城市如果你真的想留，一般都能留下來，只要你願意降低生活的品質。但是，我想問的是，那留下來之後呢，留下來就一定是正確的嗎？前幾年我一直天真且堅定的相信，年輕人一定要來大城市發展，因為機遇多、平臺好、能力增值快。而現在，我不會那麼激進，我會更保守的認為——有些人，也許就是不適合，和能力沒有關係。

有的人無法容忍未來的單一確定性，於是跑來大城市尋找不確定，和未來的想像空間；而另一些人就是希望穩定的安全感和每日生活的小確幸，這些人，說實話，大城市未必適合你。人各有活法，大城市的生活狀態也只是適合一部分人而已。比如以前在家鄉時，夜晚一個人開車到海邊，你會覺得整條海岸線都是你的。當年的我，因為生活太單調而苦惱，因為未來太確定而迷茫，但是不會沒有歸屬感，從來沒想過在小城市怎麼活下去這種基本問題。

以前擔心的是過早的安定下來，現在擔心的是再努力也不一定能安定下來。當年的焦慮屬於靈魂焦慮，現在的焦慮是生存焦慮——這怎麼還越活越低級了。有人說，在大城市混不好，大不了回家鄉嘛。我想說的是：「開什麼玩笑，回不去了好嗎。」**千萬別天真的認為，當大城市的門逐漸關閉時，家鄉的大門還永遠向你敞開**。錯了，家鄉的門和大城市的門是同時關閉的。

我自己的經驗是，有一批人，畢業後在大城市混那麼一、兩年，再回二、三線城市或回家鄉，這些屬於及時調頭的。但是一般工作三、五年的，即使還沒有混出來，也一定要苟活的賴在大城市不走了。第一，這幾年的時間成本、事業累積和社交圈子已經放在這裡了，回到家鄉重新開始的成本十分巨大。第二，很多事業的機會就是只有一線城市才有的，資本實力就是在一線城市聚集，沒辦法的。在北京工作的人，搬去上海、深圳發展是有可能的，甚至在旁邊的天津都不太會考慮。回家鄉，武功就廢了。大城市的生存技能到了小城市施展不開，小城市需要的資源大城市帶不回去。

現在市場上特別需要一本大城市生存指南，有哪些技能能讓我們活在大城市，內心不至於總是處在間歇性崩潰的邊緣。我提供幾個不成熟的小建議。

在大城市，千萬別玻璃心

要知道，自己的喜怒哀樂對這座城市而言，根本微不足道。城市的本質是流動和動盪的。要接受沒有什麼是確定，更沒有什麼是你可以掌控的。玻璃心的人更容易焦慮、更容易沒有耐心、更容易情緒失控、更容易吸收城市帶來的負面能量，周圍的人流只會讓你更加沒存在感，城市的燈光會讓你迷失得想哭。此時如果還鬧個分手，或愛人離開了你的城市，那真的是每一分每一秒都懷疑自己在這個城市的意義。

我現在特別欣賞那些有**自嗨和自黑**[20]**氣質的人，這是在大城市生活保持好心態的必備技能**，每天的生活就是一種修行，小隱隱於野，大隱隱於市。

把城市生活當作一場修行。**反脆弱的能力，很重要**。

前兩天回香港浸會大學，作為學長，給即將畢業的研究生學弟、學妹們做了一場關於職場的交流。被問到關於畢業後留在香港還是回中國的問題，我想起當年畢業時，在畢業酒會上，也同樣面臨這個抉擇。一位老師跟我講了這麼一句話：「如果你想留在香港打拚，給自己一個截止期，不管是一、兩年或幾年，關鍵要定好目標，不管是薪水還是其他，無論如何，**要有個目標和截止期**。能達成，就繼續留下來，不能達成，就走。」

在大城市奮鬥和在小地方工作的區別在於，在大城市奮鬥的時間是有限的。兩個原因，第一，你要付出更多的努力，才能過普通人的生活，光房價一項就排除一大堆人；第二，你身邊的人的素質往往都不差，和優秀的人一起競爭，不進則退。截止期是你內心的一劑猛藥，而不是一碗雞湯，會要求你隨時開啟人生的困難模式。既然城市不息，那就生命不止嘛。免得渾渾噩噩的，日後陷入更加尷尬和焦慮的境遇。

聰明只是門檻，最後拚的都是體力

之前和一位在麥肯錫工作的朋友吃飯時，我問她在麥肯錫工作最重要的素質是不是聰明？她說，表面上看是這樣，但其實在麥肯錫最重要的是兩個字——「體力」。「做專案時日夜顛倒，一週工作超過一百個小時。聰明只是進入這個行業的門檻，最後拚的都是體力。」

職場上看中的是結果，不在乎過程。身體體質不好，得到的不會是同情，而是被替代。大家都不是精力無限充沛、激素無限儲備的年輕小夥子了，身體負荷有限，現在透支了，以後就沒有了——省著點用。總之一句話——進城有風險，決策須謹慎。

20 自我解嘲。

06 若情緒換不來商業價值，你還是省著點用

有一種風險，叫「什麼都沒做」。並不是表示不工作，而是所謂的「混職場」。「混」的心態，是慢性自殺，是對自己極大的不負責任。

朋友在香港開公司，為了申請各類金融牌照併購一些公司，每天衣著光鮮的穿梭於各種飯局和半島的下午茶，她已經開始產生恐懼了。那天中午香港下著雨，她從一棟大廈去另一棟大廈談事，時間匆忙沒帶傘，被雨淋感冒了；還有前幾天，大半夜應酬吃飯，喝了白酒，晚上十一點坐計程車回九龍的高架橋上，胃實在受不了，停車在高架橋上，衝到旁邊對著塑膠袋嘔吐。

我：「妳身家也不少了，何必這麼拚？」

她：「要不然怎麼辦，租著這麼貴的辦公室，還有員工要養，不做事，每天坐著虧錢嗎？」她長嘆一口氣——現在，每天都在和時間搶時間。

以前我不太明白，有些人會「奢侈」的放棄一些我們夢寐以求的東西，比如不去國外旅遊、拒絕參加一個海外會議，甚至放棄公司出錢去讀MBA（Master of Business Administration，工商管理學碩士）的機會，簡直太暴殄天物了。現在明白，同樣的時間價值，花在這裡，就一定得放棄另一種更豐富或更值錢的機會。我們崇拜的東西，別人選擇割捨，說白了，就是因為段位不一樣。

隨著我們的成長，我們的眼界和思維決定的，何止是對世界的認知——時間的價值，也會被重新貼上標籤。同時，一定會慢慢認識到——**時間，是最大的風險**。世界越來越大，能做的事越來越多，降低時間成本，提升單位時間的效率，將會是我們越來越重要的功課。

有一種風險，叫「什麼都沒做」。

「雞湯」告訴你：如果你知道去哪兒，全世界都會讓路給你。現實問題是：我怎麼知道要去哪裡？

所以雞湯就是雞湯，給湯不給勺，給一個包治百病的單一解藥，甚至都不說明如何拆封包裝。就像目前人民幣的尷尬現狀：貨幣恐怖的蒸發，眼睜睜的看著手裡的錢被稀釋和貶值，前幾年人民幣至少還是「對外升值，對內貶值」，如今已經「雙貶」了。且海外投資受外匯管制，國內投資又有各種凶險。雖然理財規畫員天天扯著嗓門喊要分散風險，不要把雞蛋放在同一個籃子裡，廢話，我也知道啊，我也想投資，但是往哪兒投呢，現在哪個籃子是安全的，難道還要逼著去炒一線城市的房嗎？

財經作家吳曉波曾說：「只有創業和股權投資才能扛住泡沫」。實在是被逼得沒轍了才會用的招數，和「大眾創業，萬眾創新」一個套路——創業和股權投資當然能扛住泡沫，但是風險呢？

當人民幣在用肉眼都能看得見的速度貶值時，讓錢在銀行躺著，是最大的風險。所以，明知可能有風險，還是要把銀行裡的錢投出去。初期該交的學費要交，栽跟頭也要認，直到慢慢開始會辨別哪些靠譜、哪些是糊弄，至少不會因為送一瓶沙拉油，就去買理財產品，直到明白哪些錢該用來保命、哪些錢該選擇激進。總之，你必須做點什麼。

在職場上，「什麼都沒做」並不是表示不工作，而是所謂的「混職場」。貌似每天打卡上班、一天工作八小時。但是，工作不上心、能力不見長、做錯事不反思，工作的意義是等發薪水，這就是職場上的「什麼都沒做」。別忘了，職場成長期也是沒幾年。要麼好好做，要麼快點滾，不管喜不喜歡，總之，**「混」的心態**，是慢性自殺，**是對自己極大的不負責任**。

我現在很反感的一句話是：「我也不知道要做什麼，這份工作先做著再說」。什麼叫做先做著再說，你以為工作是王菲的歌〈不愛我的我不愛〉中的歌詞，「邊走邊愛，人山人海，拿著車票微笑著等待」嗎？你還在微笑，車子早就跑遠了。

面試官在面試時，為什麼一般都會問你的長期願景是什麼、你的短期目標在哪裡？你只要告訴他，有哪些成長的需要，要達到財物哪個階段的自由，至於是屬靈還是屬世界，都不重要，重要的是你知道你想要什麼，再談接下來的適合問題。**你永遠無法叫醒一個裝睡的人，同樣，你也很難拖起一頭想要賴床的豬**。這樣的員工，面試官肯定是不想要的，你浪費青春是你的權利，但我不想浪費我的時間栽培你，各自互道珍重就好了。

用負面情緒，做出正向改變

另外，無謂的負面情緒，也是消耗時間的殺手。總有些人，看城市繁華的燈光就內心蒼涼孤寂，聽窗外的雨聲就一定要陷入莫名的憂傷。迷茫、糾結、猶豫、憤怒、抑鬱，這些負面情緒，就像女孩的生理期，每個月都會來。正常，人之常情。

對於情緒，成熟與非成熟的區別在於，成熟人的這些負面情緒一年來幾次，偶爾釋放、控制有方、不會側漏；不成熟的人，搞不好負面情緒恨不得一週來幾次，而且每次來了，都肆意打開情緒的閥門，任其氾濫、任其潰敗，淹沒內心的燈塔和明天的希望。

就像睡眠，正常人睡六、七個小時就能換來白天精神抖擻；但如果超過了這個時間，睡個十二小時，換來的不是精神更好，而是更加疲憊。這就是「過猶不及」，還浪費了一大早寶貴的光陰。

就像聽著歌手薛之謙傷感的情歌，天天陷入自虐的愉悅憂傷，但人家生活裡可是段子手[21]。演繹者尚且在情緒裡切換自如，傾聽者又何必自作多情。你又不是文藝創作者，你的情緒轉化不成美妙的音符和感動的文字，換不來商業價值，省著點用吧。

「情緒」這種貨幣「濫發」之後，也會通貨膨脹、也會貶值。一個處事專業的人，偶爾透露一下情緒的另一面，如同福利，有驚喜感。但如果一個人天天如同祥林嫂[22]一樣嚼爛舌根，只會留給別人一個滿意的同情而已，太廉價了。

忙碌的人，沒有時間難過、憂傷，也沒有時間高興。爬上一座山頭，喜悅一分鐘，就要重新背起行囊，攀下一座山。因為，好風景都在路上呢。

要現實的理想，做世俗的文藝，別那麼市儈，也別那麼矯情。要明白人生本來就不公平，要相信越拚命越幸運。這片熱土，賺錢的速度趕不上印鈔的速度。有多少人在這裡開出了花，有多少人在這裡流下了淚。年輕時，別談莫須有的詩和遠方，如果不想在中年的曠野上一片荒蕪，現在的工作，就是詩和遠方。未來，才能有機會，做個活得明白的「資本家」。

07 職場只剩股權思維者有錢途

有錢人為什麼要負債？哪怕自己不缺錢，也要向銀行借？因為負債就是槓桿，用一百元可以做一千元的事。

「我對於賺當下的快錢，已經沒什麼興趣了。」

一天晚上和艾菲在紅磡新開的酒店長廊散步，她的投資公司希望投資我的新媒體。

「我們認識兩年了，我是一路看著你長成現在的樣子的。我們入點股吧，讓你們發展得更快。」

21 寫笑話的人。

22 魯迅小說《祝福》中的人物，比喻到處跟人抱怨、訴說不幸。

我想，我肯定回不去領固定薪水的工薪階層，那種固定收入的模式了。沒有想像力的事情，不值得做。當年是演員，如今是投資人的任泉有一次發言說，他嘗到了股權投資的魅力，這兩年賺的錢，比他過去那些年做演員的收入總和還要多。

一次性買賣，無法以槓桿創造收入

我的公眾號去年開始一些商業上的變現嘗試，比如廣告和課程。一開始我覺得挺開心的，一篇文章就可以賣好幾萬，算是半個躺著賺錢的模式了。但是寫著寫著，覺得又沒有太多意思。因為廣告收入最致命的一點，在於屬於一次性買賣，我寫篇文章，拿一筆廣告費。雖然從時間投入的成本來說，單位時間效率已經很高。但是這種一錘子買賣的生意，猶如春藥，如果一直希望用這種模式來賺錢的話，其實是賺了現在的錢，而失去了未來。

為什麼這麼說？第一，廣告不能增值你未來長期的品牌價值，而是在消耗。第二，廣告收入是有天花板的，一個月一百萬撐死了，沒有太大的想像空間。而走資本市場的同道大叔，也就是這麼幾年時間，估值幾個億，自己套現了一．八億。這是完全不一樣的商業路徑。第三，以我現在的時間沉沒成本，如果只是用廣告模式，其實是不划算的，乍看現在賺得多，但是和未來沒有什麼關係。

我們要做的事情，是今天的努力和付出，會讓三、五年後，甚至未來更長時間的收益，都和你今天的行動有關——這才是一門划算的好生意。這裡舉個也許並不恰當，但很有道理的例子，微商[23]、直銷的三級分銷模式，或者保險的代理人制度，其實就是屬於典型的讓今天的付出在未來的每一天變現，甚至時間越長，價值越大。雖然我並不完全認同這種模式，但是從時間價值的角度上，確實是我們每個人都應該思考的。這就是時間的複利價值。所以，為什麼要引入資本、為什麼要做股權投資，就是讓未來價值更大。再說得深一點，我們所做的每一件事，就像蓄水池一樣，要沉澱出價值。

為什麼說品牌越來越值錢？為什麼以前在紙上寫文章的人，沒有太多商業變現可能，頂多也就是出書收版稅，而在互聯網新媒體寫文章的人，就可以獲得比傳統寫字的人多很多倍的商業價值？

因為新媒體平臺除了提供你寫文章的平臺，更重要的是，幫你沉澱了用戶。你公眾號有多少用戶訂閱，就是你的商業價值體現。也就是說，在新媒體平臺，你的每一篇文章都在累積你個人品牌的能量和價值，時間越長，價值越大。這就是為什麼薪水收入永遠實現

23 微商，英文名稱 Wechat Business。指在微信朋友圈內銷售商品的人。

不了財務自由，其實從經濟學的角度也可以解釋，就是槓桿原理，**一次性買賣是沒有用槓桿的，而沒有用槓桿的事情，其實撬動不了更大的價值**。

有錢人為什麼要負債？哪怕自己不缺錢，也要向銀行借？因為負債就是槓桿，用一百元可以做一千元的事。一個人的時間是固定的二十四小時，一個人的精力也是有限的。薪水只是時間和精力換錢的單次買賣遊戲，當然很快到達收入的天花板。所以我們每個人要有**股權思維**、要有**品牌思維**，只有這樣，你現在的投入，才會收穫未來的價值。

08 你笑他們低俗的時候，他們笑你不懂

做商業和搞情懷完全是兩碼事，搞情懷只要自己開心，哪怕沒有明天；做商業是過日子，有時要妥協當下的利益，換取更長的未來。

情懷的歸情懷，市場的歸市場，兩者真正交鋒時，情懷多半會敗給資本。前幾天在朋友圈[24]看到錘子科技創始人羅永浩的專訪，想到這個前幾年愛打嘴炮，與全世界掐架（罵戰）的情懷中年大叔，這兩年已經低調淡出了大眾的視線。面對錘子手機沒有達到預期的市場表現，以及市場上的各種負面新聞，能夠感覺到他的疲憊。他自己也承認：「因為我完全沒有在企業裡待過，我的盲區比別的創業者要多得多。」

很多人說老羅變了，不再牛氣、不再體面，情懷碎了一地，好像變低俗了。我倒是認為，從講情懷的人，蛻變到做市場的人，老羅更成熟、更健全了。至於錘子手機最後是

24 微信上的一個社交功能，類似臉書的動態消息。

成是敗，商業上的事，誰說的準呢。那些光談情懷的人，**多半是沒怎麼見過世面的人**。情懷、夢想、格調等這些，或高大上[25]或溫暖的東西，背後都有商業的思考和布局。

「不要做理想主義者，要做鼠目寸光的人」

之前因為自己的新書要出版，有時間會去逛逛書城，看看現在的圖書市場在賣哪些暢銷書。除了有幾本我自己喜歡的書確實賣得不錯外，放在暢銷區裡的書，多半是靠著吸人眼球的標題和「雞湯」的文字。但不得不承認這就是目前的主流消費市場，雞湯文的特點是貼標籤，技術性問題簡化成努力性問題，這樣就省去了論證的辛苦，因為人性是喜歡偷懶的。

就好像影視劇的古裝戲或穿越戲，我們覺得低俗，怎麼可能浪費時間看這種劇，甚至想著這些演員自己在演時，會不會覺得很傻。但是，話又說回來，這些劇本來就不是定位給我們看的，而是給廣大的會打開電視的大媽看的呀。需求決定生產，邏輯清晰。

再說國民勵志女作家咪蒙的文章，諸如：〈有趣，才是一輩子的春藥〉、〈永遠愛國，永遠熱淚盈眶〉，在網路上被批評得一文不值，和菜頭、王五四[26]等公眾大號，紛紛發文攻擊。大咖與大神一交鋒，立刻攪動互聯網的春水，蕩漾成為那幾天的熱門事件和朋友圈的刷屏[27]。

熙熙攘攘過後，大眾的注意力被消費，誰是最大的利益獲得者？我估計咪蒙公眾號的訂閱數量又要往上漲了，頭條廣告費的價格也會不斷刷新。想想咪蒙作為在媒體界浸淫多年的「老司機」，什麼樣的話題能產生什麼樣的波瀾和市場的反應，估計都逃不出她的預判。她當然想過這些話題會帶來的謾罵，再加上她公眾號粉絲的體諒，她儼然已經從一個熱門話題的參與者，轉型成話題的製造者。

口語化的表達、**時不時的爆粗口**、**情緒化的文字**，咪蒙自降寫作格調，盡量迎合互聯網碎片化的行文風格，成功的一次次撩起大眾的敏感神經，換來巨大的流量——咪蒙是合格的文化商人。再想想，為什麼很多文筆不輸咪蒙的傳統作家，無法在互聯網環境下實現商業變現，多半的原因就是不接地氣[28]，離地半尺了，也就離市場半尺了。

25 形容事物有品味。
26 中國網路大V、知名專欄作家。
27 洗版。
28 不腳踏實地。

專欄作家許知遠，一個對世界和人類未來充滿悲觀的理想主義者，有一次採訪了羅振宇，向他取經商業成功的祕訣，問到關於小我和理想主義的衝突問題，羅胖的回答把許知遠給弄糊塗了——不要做理想主義者，做現實主義者，做一個鼠目寸光[29]的人。

做商業和搞情懷完全是兩碼事，搞情懷就像談戀愛，只要自己開心，哪怕沒有明天；做商業是過日子，有時要妥協當下的利益，換取更長的未來。有時候想，也許商業是最好的情懷，市場裡有更深刻的文藝。

微商是時代的產品

微商的標籤是「低俗」，但是換個角度看微商模式，很符合互聯網商業模式啊。單品爆款、高頻率消費、三級分銷、病毒式推廣，客戶（粉絲團成員）從消費者變成推廣者和經營者，正統的互聯網基因好嗎！現在房產龍頭萬科，都在試驗微商賣房模式了，你再說微商是低俗者，到底誰低俗了。我有時候想，我要是哪天混不下去了，也加入他們的陣營好了。講真的，單純從商業模式上看，我是挺看好的。很多人說微信賣的東西都是吹出來的，不可靠，這確實是微商一大弊病。很多產品都經不起科學驗證，但我覺得這不是最大的問題。

微商最大的優勢，同時也是最大的缺點，在於**沒有行業標準入門檻**，**人人都可以做微商**。但是人性決定了我們都希望混比自己高端[30]的圈子，或至少是和自己差不多等級的圈子，且一定不會在一個覺得比自己低俗的圈子，對吧。但是做微商的大多數人，必須承認，都是相對普通的大眾，這就導致許多真菁英或自認為菁英的人士，不會選擇加入。

同樣的，知識分享平臺「知乎」也是一樣的邏輯困境。很多人吐槽「知乎」已經不是當年的那個知乎了，從一個專業知識分享、人才輩出的高地，墮落成爆料的入口和熱點的集散場。很多專家覺得這個圈子變低俗了，失望、搖頭、離開。其實這是可以理解的，小眾的東西，終究難成大氣候。從商業角度看，「知乎」必須降低門檻、擴大流量，才能獲得更大的估值和資本，這是正常的商業邏輯。

這就是好多人雖然知道做微商確實很賺錢，但面子和裡子，很多人還是選面子，尤其當錢不成為唯一的標準時。你可以隱藏朋友圈裡做得比較低俗的微商，但是，千萬不要覺得這個行業低俗，這是新時代的商業模式。應該過不了多久，你的認知會被顛覆和刷新。

29 形容目光短淺，沒有遠見。

30 形容事物的最高層次。

好的投資人不會簡單以情緒判斷一件事低不低俗，而是看底層的商業邏輯夠不夠合理，和是否符合人性的根本需求。比如現在直播很火，看懂的人，說這是未來的風口，看不懂的人，說這很低俗。而我也越來越覺得，這個時代**人與人之間最大的障礙**，不是地域、不是財富、不是審美，而是——**對世界的認知**。

09 消費是為了投資那些讓自己變更好的東西

年輕人不要只存錢，應該把錢花出去，投資大腦或生活品質，總之，投資那些讓自己變得更好的東西。

未來是屬於九〇後的。有一次我去杭州出差，約了一個幾百萬訂閱量的公眾大號創始人見面，由於白天行程太滿，他說約消夜吧，我來酒店接你。晚上我走出酒店，一輛豪華轎車停在酒店大廳前——紅色法拉利，裡面坐著一位年輕帥氣的小夥子。

午夜十二點，我們吃著消夜，和他還有他的朋友們一起聊天，聽他聊關於很多事情的看法，有洞見、有別於常人的思維。他說，前兩年在自媒體爆發期，率先吃上了紅利，賺了不少錢。像我們這種自認為上了年紀、自嘲為大叔的人，碰上這種年輕有為的，冒著被打臉的尷尬，總是忍不住要問一句：

「你今年多大啊？」

「哦，我九一年的。」

有段時間，我挺羨慕生在一九六〇年代、一九七〇年代的人。一九九〇年改革開放大浪一捲，那時敢於走出體制的少數人，無論是被迫退下工作崗位，還是主動選擇，都分到時代浪潮的一杯羹。

從房地產界的王石、潘石屹、萬通集團董事局主席馮侖、到聯想集團創始人柳傳志、百度公司的創建者李彥宏，我記得從我高中的作文就開始寫他們做例子，到現在他們還這麼天天霸屏[31]，而且越來越活躍。

其實，後來發現，每一次時代的變革，每一場新科技的革命，都會帶來巨大的財富分配、階層流動。

而剛好處在這個時代的人，尤其是年輕人，更有機會。而這一次互聯網革命，把九〇後沖到舞臺中央。互聯網的商業模式，老一輩人不深入研究是不懂的。舉個例子，網路上有個視訊，說當年年輕的馬化騰[32]給評委推薦什麼是QQ、什麼是基於互聯網的社交。當時臺下評委中的海爾集團的張瑞敏，說不看好這個東西的未來，因為看不懂，無法理解、沒有認知，所以不會投資馬化騰。

這臉打得……。可悲的是，我們就是「張瑞敏」，九〇後就是「馬化騰」。馬化騰說，他很幸運，微信是屬於騰訊系的。說白了，互聯網時代的大風，都是呼呼的吹向九〇後，所以九〇後更有稱為中產階級的時代條件。

存錢是存量思維，花錢要有增量思維

互聯網商業大都是人格商業、社交商業和分享商業。文化資本的更加富足，讓他們更懂互聯網的商業運作——透過任何一種社交管道都能挖掘出可變現的方向。九〇後會第一時間找到最好玩的工具和應用，使用它、分享它，使其社交化和商業化，從小資審美趣味出發，一步步掌握社會經濟的主要說話權。

九〇後會**大膽的表述**他們的喜怒哀樂和態度，**敢於拋頭露面，敢於做不合常理的事**。就比如《奇葩說》和《火星情報局》這種大流量的網路綜藝節目，折射出整個時代風向的變化。沒有對錯，只要你敢。所以我觀看很多互聯網論壇時，前幾代人在臺上拋出各種認知，什麼新物種、什麼超級ＩＰ，其實就是互聯網下的新生態和新商業模式。我們傳統認知不懂，沒經驗，於是像發現新大陸一樣在那邊叫囂。其實九〇後會覺得很奇怪，這個世界本來不就應該是這樣的嗎？

---

31 指出現的頻率相當頻繁。

32 騰訊創辦人，有ＱＱ之父的稱號。

再比如直播和自媒體，很多人甚至都不理解這種現象，甚至覺得公眾號是另一個版本的QQ空間。整個完全不一樣的生態和路徑，我跟他們分析解釋完後，他們才貌似有點聽懂的若有所思，說好像很厲害的樣子。但是和九〇後溝通就完全沒有障礙，而且還經常給我一些好玩的想法和啟發。

此外，諸如電競、網紅這些時代產物，哪個不被九〇後占據半壁江山呢？再過幾年，整個江山都會是他們的。當他們玩透了商業模式，財務中產只是時間的問題。

為什麼年紀輕輕的九〇後，能有人早早成為中產階級？

首先，我個人理解，其實九〇後的消費習慣是值得學習的。比如，九〇後消費特點就是為美好埋單，也就是所謂的消費升級的概念。

你和身邊的九〇後聊天，你會發現他們並沒有很強烈的存錢習慣，會買自己喜歡的、有品質的東西。這個其實和消費能力沒有太大關係，更多的是消費意願。這種消費觀，其實是正確甚至更有未來的。

我個人一直提倡年輕人不要只存錢，應該把錢花出去，投資大腦或生活品質，總之，投資那些讓自己變得更好的東西。在我看來，年輕人存錢沒有太多意義，**存錢是存量思維，花錢才是增量思維，才能賺更多的錢**。

你看現在線上教學課程的付費用戶，大多數都是九〇後。透過花錢去旅行、買好物、買課程，九〇後不管從審美、眼界、思維，還是創造力，都在碾壓我們這些八〇後。他們會成為更好的人。

錢要花出去，而且花在對的地方，這樣才能在付出之後回報自己，產生更大的價值。這些九〇後比我們懂得多。

我有一個九一年的朋友，薪水一個月也就兩萬元出頭。她平時比較節儉，但是她說她不存錢，都花出去。我問她都花哪裡呀？她說辦了健身卡，買了一對一教練課。她說現在是顏值經濟，這些錢不能省。她買了徠卡的照相機，喜歡拍照和旅行，是微博的旅行紅人，在旅遊圈還有點影響力。她在香港做金融，報了幾萬元的CFA（Chartered Financial Analyst，特許金融分析師）考試課程。

她不想存錢買房，對於買車、買包包也不是很感興趣，但對於投資自己的錢，她出手極為大方。

按照我的話說，就是雖然她現在還沒賺很多錢，但是已經越來越值錢了。我的助理范茜算是我眼裡最有財商的九〇後之一。她出生在一個普通的軍官家庭，曾和我提起，自己成長中最得意的事情有二：一是她十歲時就能頂著稚嫩的兒童臉，一個人連續坐二、三十個小時的火車，在中國南來北往獨自遊走；二是她在十八歲那年便實現了經濟獨立，再也沒用過爸媽的錢。

我和很多人一樣，好奇衣食無缺的女孩如何只靠自己做到這些。她說，高三畢業時拿著最初的三千元本金入市炒股，因為眼光還不錯，跟著國家政策走，又因為「滬港通」[33]和「一帶一路」[34]，在二○一五年大盤鼎盛時豐收了一把。大一時平均每個月也至少能賺兩萬元了。

我說：「妳這不具參考性，至少入市時的三千元是用爸媽的吧？」她說：「不，是跟朋友借的，堅決不花家裡錢。」前兩天她又跟我分享自己二○一六年京東金融年度帳單、基金保險、活期定期，還有白條[35]，比例得當、井然有序。我看帳單裡沒股票部分，調侃她說：「欸，怎麼沒看妳用京東股票投資啊？」

「跟了史賓賽工作，哪裡還有時間炒股呢？」然後我們就一起哈哈哈了。以前買保險總是爹娘級別的人去接觸，但現在很欣慰的，看到最年輕的一代人也開始光臨旅行險或意外險。滿足傳統意義上中產階級標準的九○後其實仍然很少，經濟環境本身不利於一無所有的九○後輕鬆逆襲，但「精神中產」或者說「預備中產」也許是起步的過渡。聰明靈活的他們更早開始用理財的方式去追趕時間的步伐。

如果你對自己的現狀有不滿，方法只有四個字：要去嘗試。

⑩ 撇開房子、車子和婚姻，那你談什麼夢想？

對於年輕人，過早因為房貸的事而狹隘了思維的格局，真的不是什麼好事。你要做主人，而不是奴隸。

大學畢業後的職場五年，大多數人的核心問題，似乎都逃不開這三個關鍵字：房子、車子、結婚。好像把這三件事解決了，其他的都不叫事。因為在父母和長輩眼裡，房子、車子、結婚組成了一個深植於他們思想中的核心價值觀：穩定。

穩定，壓倒一切；穩定，意味著不用操心。

33 全名為滬港股票市場交易互聯互通機制，投資人可以透過香港證券公司，投資香港和上海證券，也可以透過中國的證券公司投資上海和香港股市，但不是開放全部證券。

34 全名為絲綢之路經濟帶和二十一世紀海上絲綢之路，為中國政府於二〇一三年倡議並主導的跨國經濟帶。

35 不符合財務制度和會計憑證手續的字條或單據。

穩定也曾是我過去生活的主題。當年大學畢業，我在家鄉事業單位[36]上班，父母幫我出錢買了房子和車子。有房有車，工作體面，這種情況下他們唯一操心的，就是催促我趕緊找個不錯的對象，結婚生子。

可是誰會想到，不久後我賣了房子，把車子留給老爸，辭職來到香港，在這座陌生的城市一路打拚。如今，站在三十歲的路口，回頭看這些年的職場轉型、人生起伏，從體制內到體制外、從小城鎮到大都市、從月薪幾千元到年收入幾百萬元——整個世界觀、金錢觀、愛情觀、人生觀，即便不能說被徹底顛覆，卻也真實受到了不小的衝擊。

藉著這篇文章，想談談現在這個年紀的我，對房子、車子、結婚這幾件大事的理解。

房子：是資產，更是束縛

估計未來幾年中國M2（廣義貨幣供應量，同時反映現實和潛在購買力）的貨幣增速還是目前的「速率」，只要中國的核心資源依然在北上廣深，和被輻射的周邊地區，未來的城市化過程和人口淨流入量，還是向超級城市體邁進。那麼一、二線城市[37]的住房，依然會是比較優質的保值、增值資產，至於限購措施和短暫的降價，那都是房地產的「俯臥撐」[38]而已。而且在香港這幾年，你比較香港樓價，就會覺得中國的一線房地產還有不少上漲的空間。

但遺憾的是，很多人的問題並不是要不要買房，而是有沒有資格成為房奴。房子是資產，沒錯，但要警惕的是，房子也是束縛。很多人結婚之後，特別是有小孩後，做事風格就會偏保守穩定。其實房子也是一樣的，覺得自己有了房子就安定在這座城市了，然後每個月想的事情就是還房貸。這樣容易陷入打工者思維，求旱澇保收，不敢有太冒險或太激進的想法。對於年輕人，過早因為房貸的事而狹隘了思維的格局，真的不是什麼好事。

前幾天到上海出差，車上和當地司機閒聊。我說上海房價這麼高，中位數收入應該一年有五十萬元了吧？他笑笑說我想多了，上海中產階級的平均收入也就二、三十萬元吧。我有點驚訝，問：「上海物價這麼高，收入怎麼跟得上？」他說：「是呀，一個月收入兩、三萬元，本來生活可以很充裕，可有了房貸，就捨不得其他消費了，日子還是過得很吃緊。」

36 指由政府利用國有資產設立，從事教育、科技、文化、衛生等活動的社會服務組織。
37 根據經濟、文化教育、發展、工業等多個方面劃分城市等級。
38 原意伏地挺身，在此比喻房價起起落落。

其實捨不得消費是不對的，但錢都給了房貸，就捨不得投資自己。尤其在自我成長方面的投資，花在成為更好的自己的錢，不要嫌多、嫌貴。所以換個角度，年輕人在大城市，一開始買不起房，也不是壞事。賺來的錢都花出去，花得有水準、花得值得，未來才能有更好的收入，才有可能買得起房。

當年輕人坐在自行創業的咖啡店，張口閉口談股權、談融資、談上市、談泡沫、談商業模式、談知識付費與分享經濟時，一個月不到幾萬元收入，卻談著千萬元的買賣，配上他們認真的表情，眼神裡閃著亮光，讓我覺得，這是一個美好的時代。因為**信心比黃金更珍貴**。

左手焦慮，右手興奮，我發現城市並沒有偷走我們的夢想。

車子：沒結婚，買什麼車！

三、四線城市，道路不壅塞，出門沒那麼多計程車，買輛車還是有必要的。但是在一、二線城市，年輕人買什麼車？

從經濟角度，油錢加保險費加車子損耗，絕對抵得上天天出門坐專車，不划算。何況開車真的是一件特別浪費時間和精力的事。

現在的我關於買車思考的便是：如果我不能在買車的同時僱一個司機，那為什麼要買車？尤其在共用經濟的春風下，你可以坐更好的車子、擁有更好的專車司機、享受更好的出行服務，為什麼還要花時間自己當司機呢？

每當在香港街頭叫不到車子時，我就特別懷念中國當地這邊的一鍵叫車，感慨互聯網真好。

車子如今對我而言，更像一個移動的辦公室，在車裡打電話、和夥伴談工作，甚至累了在車裡打個盹，都挺好。非要買車的話，還是等結婚或有小孩吧！為了一家人方便出行，到時候買輛車，是順理成章的事。

婚姻：沒結婚，因為不懂愛，更因為不懂自己

愛和婚姻的主題，是我一直不敢碰的主題。雞湯文告訴你最好的兩性關係是動態平衡，暢銷書告訴你三十歲前別結婚，公眾號長文站在道德制高點批判各種明星情感問題……年輕時，我會對著文章點頭稱讚，可現在每每看到這些問題，卻無法苟同。

情感終歸是極私人的事，周瑜打黃蓋[39]，誰都沒資格去評判，究竟是打的人不對，還是挨的人有病。早結婚未必幸福，晚結婚未必不幸。婚姻是等候，因為美好的人，都值得等待；婚姻是妥協，因為我們無法保證娶到最想娶的那個人，或嫁給那個對的他。

認命吧，一切都是最好的安排，不是嗎？對於年齡大了卻還沒結婚的我們，或許是因為不懂愛，可或許，更是因為我們不懂自己。城市裡的人為什麼晚結婚？一方面是因為城市的流動性很高，城市裡每個人都很不穩定——不穩定是城市的主題，但不穩定也是婚姻的頭號風險。我不敢現在找個人結婚，安定下來，是因為我不知道自己的明年、後年會變成什麼樣子。我怕後悔，也怕辜負。不要太貪，也不要太妥協，或許這才是婚姻的正確展開方式。

藝人高曉松曾說：「生活不只眼前的苟且，還有詩和遠方的田野。」於是他一邊搞文藝、一邊走商業，詩也寫了、錢也賺了，什麼都沒落下。

房子、車子、結婚，這些當然是我們人生最核心的幾個主題，**撇開這些談所謂夢想和情懷，在我看來，自是脆弱而無力。**

你要做主人，而不是奴隸。

11 所謂中產階級，多數只是解決了溫飽

人的成長就像花開，一定要注意季節。不要努力去挑好一副好牌，而應該嘗試打好手裡的每一張牌。

之前上海一場線下活動[40]，邀請了我和《奇葩說》幾位當紅辯手，胡漸彪、馬薇薇、黃執中、邱晨、周玄毅，談論當下新銳中產階級的生存現狀和焦慮。聽完他們的發言後，我還蠻有感觸的。其實我覺得，我們現在的中產階級，其實是偽中產階級，或者說，我們所說的中產階級，更多只是勉強解決了溫飽而已。

我認為，中產階級們的焦慮，究其實質還是在這一個「中」字上。中，就是不上不下。所有不上不下的狀態，好像都不是太好，例如「卡」、「忐忑」。中產的焦慮也來自

39 歇後語，比喻一個願打、一個願挨。
40 指真實發生的、當面的、人與人有透過肢體動態的一系列活動。

這種卡在一半中，容易撕裂的狀態。

中產階級典型焦慮之一：買房這列高速行駛的列車，該「上」該「下」？

去年初，我有個在北京生活的朋友為了給孩子上學，換了間學區房。她原先的房子在北京東五環，是間面積一百多平方公尺（約三十．二五坪）的小三居[41]，雖然不算豪宅，一家人住著也很舒服。為了換這間位於東城區的房子，她把原先的房子賣了三百多萬元，貸款買了間七百多萬元的二手學區房。

但是，這種學區房被不少人簡稱為「老破小」：房子年代很老、裝修很破、面積很小。只有六十多平方公尺（約十八．一五坪）的房子根本擠不下全家人，無奈的只好又給帶孩子的爺爺、奶奶在附近租了套房。多出的房貸加上房租，讓她們覺得壓力一下子大了起來。這個朋友是互聯網上市公司的市場總監，先生在一家外資企業做技術性工作，家庭年入百萬有餘，也算典型的豐裕中產階級。

在我眼中，她是個女超人媽媽，工作和家庭都能兼顧得很好，搞得定各種難搞的客戶，她卻戲言自己被孩子的學區問題逼得差點假離婚。朋友跟我吐槽：「北京的教育資源分布實在太不均衡了！原先房子附近十幾公里沒有一所好學校，上國際學校太貴，教育品質也很難保證。買個學區房，至少還可能保值。」

當時我聽到北京一間九〇年代的「老破小」能賣到七百多萬，真心覺得不便宜。過了一年，朋友告訴我，當時的判斷是對的。這間房目前不但保值，還早已突破了千萬元，她慶幸自己當時「上了車」。

中產階級究竟在焦慮些什麼？

中產階級們就是這樣，一邊詛咒著如同絕情的前任女友一樣永不回頭的房價、一邊憂慮著這麼大的泡沫會不會突然被戳破、一邊不甘心自己的生活被高房價所綁架、一邊還爭先恐後的去買房。

求職網站智聯招聘的一份新銳中產階級調查報告顯示，中產階級們最關心的社會問題中，房地產和通貨膨脹、食品安全一起占據了前三名。看到這三點，我不禁感嘆中國的中產階級們生活確實不易。名義是中產階級，其實也就僅僅解決了溫飽而已，稍微想追求點品質生活，卻發現安全的食品、清潔的空氣、舒適的住家，樣樣都不易得。

---

41 三房。

可悲的是，吃和住，以及個人資產的保值，都還屬於馬斯洛需求層次理論[42]中底層的生理和安全需求。如果底層需求都無法得到保障，那麼進一步的社會尊重和自我實現的精神需求，自然更加難以滿足。

對不少在一線城市奮鬥的年輕中產階級來說，單單一個「住」的問題，就將他們困在繼續向更上層需求邁進的半路上。一線城市**給很多年輕人的綺麗夢想提供了容身之地，卻無法給他們平凡的肉身提供一個蝸居之所**。一些年輕人退回到更容易實現物質需求的小城鎮，卻發現這裡的溫存已經無法容納他們在大城市裡淬鍊過的靈魂。究竟是該往下沉，還是該向上拚，這正是不少中產階級的糾結之處。

中產典型焦慮之二：**職場裡「上」有資深前輩，「下」有生猛鮮肉。該怎麼辦？**

有一個做人力資源顧問的朋友在「在行」[43]上開了職業發展和定位的課，原本她還擔心這種沒有實際操作的乾貨，更像心靈按摩的輔導，不會有太多人預約，結果現在約見的幾乎排不過來，以至於她決心辭職，開個獨立的職業顧問工作室。

來約她的，不少都是八〇後。大家的困惑都差不多：在職場上打拚了幾年，好不容易在某個組織中混成了中層，卻也面臨著雙重壓力。前有占據了金字塔頂層職位，一時半會兒未必騰出位置的六〇後、七〇後前輩；後有虎視眈眈、錢少活好、成長速度驚人的九五後小朋友。更讓他們焦慮的是，自己的收入卻未必隨著工作強度和壓力而相應增長。「比加班更可怕的是白加班」、「侮辱性漲薪」，這些職場人士會意的黑色調侃，也許是不少中產的真實心聲。

雖然這些來諮詢的學員來自形形色色的行業，問題卻都集中在兩類：一類詢問該怎麼轉行、怎麼跳槽才能大幅提升自己的收入；還有一類詢問該怎麼有效學習、充電才能快速提升自己的技能。這種職場焦慮，也並非八〇後獨有，可以說，所有沒有實現財富自由，還在靠打工賺錢的人，都難以倖免。互聯網時代變化之快，已經沒有鐵飯碗一說，很多累積數年的經驗都有可能一朝被顛覆，不少人都會擔憂自己的知識體系沒有及時迭代，被無情的拍死在沙灘上，於是又衍生出一種新的焦慮：知識焦慮。

二〇一八年一波知識付費的大潮洶湧，正是中產階級們為這種新型焦慮來埋單。拿著自己不太滿意的薪水，還要為跟得上時代的知識而付費，為職場上任何一點點晉升的空間而努力。因為他們清楚的知道，**不晉升，就可能出局，這就是職場的遊戲規則**。

中產典型焦慮之三：「上」有老「下」有小的夾縫裡，如何保證自己生活的品質？

---

42 人類需求像階梯一樣從低到高按層次分為五種，分別是：生理需求、安全需求、社交需求、尊重需求和自我實現需求。

43 中國知識技能共用平臺，可以約見不同領域的行家，與他們進行一對一見面約談。

上次來北京開課時，我忙裡偷閒約了幾個很久未見的金融圈老朋友，其中有一個剛當爸爸，我還專程當面恭喜，結果這個新手奶爸一臉倦意。生娃後太太成了家庭主婦，家裡的開銷全都落在他一人身上。不巧他父親今年生了場大病，他連著幾個月的狀態都是在家哄娃、醫院照護、工作出差，生平第一次體會「疲於奔命」的滋味。

這頓飯剛吃完他就趕緊回家了，以前每次見面他都非拉著我喝酒，聊到半夜還意猶未盡。周圍的朋友們都在感慨，一旦成了家、生了娃，即使是在同一個城市的朋友，要見一次面都變得更難了。不少中產的家庭結構，正到了上有老，下有小的階段，於是教育、養老、醫療，這些資源有限又需要更多資金和精力投入的問題，也都成了焦慮的重點源頭。**有的事，錢能解決，有的事，卻必須親力親為。**

該如何走出焦慮困境？順勢而為

自己這兩年的轉型和發展，加上《奇葩說》的幾位辯手分享了他們的想法，我覺得有一些共同點可以分享。

一、順勢而為

順勢而為這幾個字，顯得特別職場厚黑學，甚至帶著一絲絲功利主義。以前瞧不上，現在覺得特別對。**努力永遠贏不過趨勢，甚至可以說在趨勢面前，一個人的成功，和努力的關係其實不大。**

馬薇薇說他們這些打辯論賽的，默默無聞這些年，感謝《奇葩說》這個節目，也沒想到怎麼就突然紅了。這跟長年累積沉澱有關，更因為這個時代。**人的成長就像花開，一定要注意季節。**

二、不要努力去挑好一副好牌，而應該嘗試打好手裡的每一張牌

我們現在的選擇，往前推十年，都是非常荒誕的。馬薇薇當時分享了黃執中當年為了打喜歡的辯論，一直在上大學，比別人多上了好幾年，一心專注在這個自己喜歡又舒服的領域中。

其實，最重要的，是感謝自己沒有放棄。我相信能**把一個行業做到極致專業的人，最能衝出來。因為這個時代需要稀缺資源**[44]。

44 個人或社會的資源供給無法滿足人類的需求。

三、一定要讓自己的觀念增值

為什麼有些人抓住了機會，有些人看到機會在身邊也不去抓取，除了運氣外，很多人是輸在自己的觀念和認知上。

因為你看不到新的觀點。即使看到了，也會被整合成舊的傳統觀點。就像所有人畫一瓶礦泉水，一定是底在下，頭在上。而那個能把礦泉水的頭朝下的人，會與眾不同。**觀念不同才是核心，其他都是風格之爭，沒有太大意義。**

我相信這個動盪的時代，每個人都有屬於他的人生機會，但是能不能抓住，就看每個人的命運和本事。就像智聯招聘的CEO（Chief Executive Officer，執行長）郭盛在會場上講的：「你活在這世界上不是在定義標籤，不要被外界的東西所捆綁，要找到自己的軌道，追求自己的長遠價值。站在十字路口，你可以成為貴族，也可以成為平民，這條路是你自己找到的。」

第二章

如何改變人生？這其實不算野心，這是務實

01 讓自己付出的時間量販化、複利化

你要讓自己有房產思維，隨著時間增值。而不是車子思維，時間越長越貶值，成為消耗品。

「我一生只想做一件事：邊睡覺，邊賺錢。」呵呵，我也想。很多人說一個人能不能成功，取決於他是否有行動力，所以一定要有執行力。這句話是對的，我之前也是這麼篤信的。但是，這句話不夠深，還沒有觸摸到本質，它沒有解釋——是什麼東西在主導一個人的行動力。

我發現一個人的行動力，不是天生的。不是一些人行動力天生就好，另一些人天生就差。更多的情況是：這個人可能在這件事情上行動力非常好，全力投入，而在另一件事上行動力就非常差，經常拖延。

舉個不恰當的例子，就好像謝霆鋒和張柏芝在一起時，經常表現出一副大男人主義的形象，高冷難以接近；但後來離婚和王菲在一起後，整個給媒體捕捉到的形象是溫柔的，典型的給王菲做菜的居家暖男一枚。

其實這個差異是完全可以理解的，因為不同的愛情、不同的感覺，讓一個人，展現兩種完全不同的行動風格。

最優秀的執行力和最差勁的執行力，經常發生在同一個人身上，底層的原因是什麼？是認知。**認知決定了你行動的方向和投入的力度，認知的深度決定了你未來的高度。**

舉一個很簡單的例子，一分耕耘，一分收穫，這是很多人的商業認知。於是你天真的認為任何收入的增長，都應該靠時間的同倍遞增來獲得。於是就會陷入一個認知陷阱：覺得如果想賺更多的錢，就應該付出更多的時間和精力。但是一個人的時間和精力是有限的，所以這往往導致收入上到一個等級後，便出現了瓶頸。所以很多人會一直陷入勞力收入，就不怎麼會想到資本收入；一邊罵著：「富人越富，窮人越窮」的老話，一邊因循守舊的走自己的老路。

但現實是，年薪十萬元到三十萬元的差距可能的確與努力有關，但是從年薪十萬元到一百萬元、從一百萬元到一千萬元收入的差距，其實和努力本身就沒有直接相關了。或者說，這時候的努力已經淪為基本的，需要更高級的商業認知去給自己加碼。

所以對於時間與收入的價值關係，更厲害的認知應該是：

1. 不要賤賣你的時間，要量販化販賣。
2. 做事情一定要盡可能產生複利。

不要賤賣你的時間，要量販化販賣

第一種相對比較好理解，提高自己的核心競爭力來提高溢價能力，讓別人用更貴的價錢來買你的時間。在這種指導思想下，你就要問自己，現在做的事情在賺錢的基礎上，想像三、五年後，你這份手藝能不能賣得比現在貴很多，有沒有透過累計專業度和經驗值，提高自己的核心競爭力。因為人和車子一樣，都是消耗品。**你要讓自己有房產思維，隨著時間增值。而不是車子思維，時間越長越貶值，成為消耗品。**

想到這裡，你就不會去想開個 Uber、去做沒有技術含量的體力活，或只做賺青春飯的活。如果你現在不賺錢，但是能夠預測到未來很值錢——這份事業，就值得做。

時間的量販化販賣，是讓時間單位價值最大化的第一手段，而互聯網是實現時間量販化最好的方式。我有些新東方的老師朋友，天天在講臺上講課，前幾年驕傲的說：「我培訓出了幾萬名學生，可謂流水的學生，鐵打的老師。」而現在有些老師出來線上講課，在不同的平臺上，透過互聯網，線上同時有幾千、上萬人收聽。這樣，就把自己的單位時間賣給了更多人。

所以你會發現，線下一堂課幾千、一萬元就了不起了；但是線上的話，想像空間就很大，一堂課賣到十萬元也不稀奇。這就是量販化販賣時間帶來的價值。當你擁有量販化販賣權時，你就會知道怎麼使這個事情成為可能，你就會開始思考如何建立認知、如何沉澱流量、如何建立品牌。整個做事的風格是長遠的，而不是做一次賺一票的一次性買賣。對於量販化販賣權的追求，也反向促進了我們的行動力。

做事情一定要盡可能產生複利

如果說量販化販賣時間是單個時間的橫向空間維度，而複利則是縱向時間維度。時間產生的價值，通俗點說就是「睡後價值」。就是**你當下的時間和精力投入，在未來可以一直因為這個獲得收入**。我們再講得通俗一些，其實現在很多微商、直銷，這些三級分銷平臺，就是利用了複利的概念，讓人看到目前投入所帶來的未來巨大的可能性。於是乎，每個人都像打了興奮劑一樣——全力投入時間，正是為了以後的「不勞而獲」（版稅和利息收入都算）。

互聯網線上課程厲害的地方在於，它是無空間和無時間限制的，內容可以被所有人看到，而且理論上可以永久沉澱。所以，真的，我們不是輸在不夠勤奮、不是輸在機遇不好，而是輸在對一個趨勢、一個事件、一個現象的認知深刻程度。

其實對於前面所提的時間價值的認知，並不是我自己憑空杜撰的想法，而是自己實踐出來的。**只有提升認知，才能及早看到未來。**

02 不做白工。你得跳出低等勤奮陷阱

現在的我，漸漸不願聽那些所謂正確的廢話，我更願意聽一些更偏激、更具衝擊性的觀點，哪怕會顛覆我原有的認知。

我有個不太陽光的性格特點：喜歡觀察人和分析人。

互聯網時代的不確定性和可能性，意味著財富重新分配，階級流動活躍。讓一小部分普通人脫穎而出，站上浪潮之巔，實現財富和影響力的飛躍。然而現代的多數人都是普通人，感覺這個時代和自己沒有什麼關係，也就平平淡淡的度過這一生（雖然也不是什麼壞事）。

但我相信有更多的人，其實是希望成為那些在這個時代裡崛起的普通人。但問題是，他們有心也有力，卻不知道方向在哪裡，迷茫、無奈。似乎總有一個看不見的天花板，你明明知道上面的天空很美，但就是上不去。

這兩年，我很幸運，因為自己公眾號的規模起來了，累積了自己的影響力和個人能力。同時，認識了許多行業頂尖的專家，比如年紀輕輕就去百度當副總裁的李叫獸，當年

貴為偶像又一直紅到現在的李笑來老師。與他們一起交流，甚至一起共事，聽他們的思維方式、看他們的行事作風。

然後當我嘗試反覆分析這些人的崛起軌跡，發現似乎總有一股隱祕的力量，引領著他們成了金字塔尖的那一小撮人。我嘗試挖掘、提煉、總結，得到了九個字——**刻意練習的深度認知**。

真的，專家的認知層次和普通人就是不一樣的。

普通人是輿論認知，強者從底層認知

輿論大多是被媒體控制的，永遠不要完全信任媒體，更不要被媒體綁架。你有沒有發現，我們對於很多事件和世界的認知都是來自於媒體，我們一廂情願的認為：媒體提供給我們的事件就是客觀的，媒體提供的觀點就是正確的。於是我們的大腦就變成一頭「懶豬」，吃著媒體餵給我們的速成品。但是，隨著自己也不知怎麼，就成了這個時代所謂的自媒體人，自己生產的內容開始具備媒體屬性，這時突然發現，媒體人其實是最不客觀的一幫人。

因為多數媒體，大都關注於熱點帶來的傳播屬性，以用來獲取流量，而不是完全的關注事實本身，除非這事件本身具備傳播價值。所以，只有少數的媒體，用高品質的內容在引領，而其餘的媒體，利用人性的內容在迎合。可悲的是，做引領的媒體大多小眾，在這個流量為王的時代，大都不賺錢。但做迎合的媒體，卻賺了很多錢。

導致的結果是，大多數人對於事件的分析和判斷，從來不是一手的，而是經過媒體餵養的一個簡單粗暴的結論。看起來好像有道理，卻不去論證，懶得探求根本。就好像現在輿論鼓吹經濟不景氣、資產泡沫，你也跟著說經濟不行了。但對專家來說，每一次資產價格的低潮，都是靜心學習研究時、都是為了下一次資產泡沫做好準備。所以說白了，很多人所謂的獨立思考，既不獨立、也不思考。

普通人憑經驗認知，強者以行動來認知

人性中有個弱點，當我們遇到與過去不一致的觀點時，就會觸發我們的慣性思維來防衛。比如表面現象是公眾號的紅利已經結束了，然後你就也嚷嚷說紅利結束了，但你不願意再進行深一層思考。你不了解好內容是永遠缺乏的，現在正是做個人內容的最好時機。

你不願意去思考這一層，是因為和你的想法衝突了。進而導致我們在做事情時，要麼按照過去的經驗，要麼按照所謂成熟的規定，沒有想過要去打破常規，更不會去刻意思考創新。團購網站美團網的CEO王興說得更犀利——多數人為了逃避真正思考，願意做任何事情。甚至有些行業菁英，他們其實也被束縛在一個既成的思維框架裡，只不過他們的框架，看起來更高級罷了。

而強者在看待一個和他觀念相衝突的結果時，一般會多問幾個為什麼，真的是這樣嗎？是不是還有更深層的原因？他們一定會不斷深挖，以求看到事件的真相和本質。因為你要相信，你所看到的，一定是表象；正如這個世界的真相，往往是隱藏的。現在的我，漸漸不願聽那些所謂正確的廢話，我更願意聽一些更偏激、更具衝擊性的觀點，哪怕會顛覆我原有的認知。

我當年的幾個抉擇，比如辭職去香港念書，大家都說年齡太大、成本太高，我卻認為不離開的成本更高；比如畢業後選擇的第一份工作是做業務，很多人說你的碩士學歷做業務太吃虧，我卻認為**迅速完成財富的原始累積是第一步**，然後再去談未來。其實每一個決定都是不被理解甚至遭到反對的，說我偏激、說我功利，大多數人以「關心」的名義勸誡著我。但是如果我聽了他們的建議，我就不會是現在這個樣子。

同樣的人，當年說你傻，現在誇你牛。這就是輿論。

只有深度的自我思考，才會帶來認知的優勢。**普通人是用過去的經驗來判斷，而強**

者是用未來的眼光來判斷。未來的競爭，只會更同質化和白熱化，理解的深度決定著結果的巨大不同。我反而更加相信，大眾普遍認知的反面，更像是未來真正的樣子。真正的學習，都是發生在行動之後。

普通人一味的提升技術效率，強者則提升認知效率

很多人抱怨說，我也很努力呀，但是怎麼就上不了一個臺階呢？因為，只知道提升技術效率的人，一味的希望透過複製前人道路尋找成功，都陷入了「低等勤奮陷阱」。我們就像在跑步機上跑得汗流浹背的人，看似辛苦，卻一直到不了遠方。這導致的結果是，你在一個行業進行所謂的時間累積，能力增長越來越緩慢，過了幾年後，你便會覺得自己遇到了職場的瓶頸期。

為什麼很多人明白很多道理，卻仍然過不好這一生？如果你覺得一個觀念很有道理，然後生活照舊，那它就不是道理，只是訊息。資訊轉化不成行動，就只是資料和文字，是沒有價值的。即便你想轉成行動，卻往往不知如何進行。這是因為沒有做提升認知效率的刻意練習。我對於刻意練習最好的定義就是：妓女不是有了性欲才接客，作者也不是有了

靈感才寫作。

刻意，指的是擺脫原來舒服的習慣和流程，變得不舒服，和自己較勁。試著想一想，**在基本功扎實之後，自己做的事裡，能不能產生一些跟前人不同的思考和進步**。最初的行動嘗試也許莽撞，但試久了，你會在自我刺激中摸索出一套新的方法論。

我對團隊的人說：「永遠記得，不要只是執行我交給你們的任務，那樣只會成功的把你們訓練成可被替代的三流人才」。簡單的執行是不需要深刻理解的，只是變相的體力活。一個任務，你能不能提出一個連我自己都沒想到的方案，那才是核心競爭力。

你會很痛苦、很沒有頭緒、很抓狂、很燒腦，但你一定會在這過程中，完成蛻變。舒適和成長永遠不可兼得，但我們還是應該感到慶幸，這個時代終究還是給願意奮鬥的年輕人留下一道破局的窄門。這個破局的點，也許在於能否「擺脫低等的勤奮陷阱，獲得高效益的反思能力」。

03 為什麼別人當主管了，你還在被管？

職場上做事，要麼做、要麼不做，果斷點。最忌諱的就是想投入又怕損失，這樣註定辦不成事還浪費時間。

最近面試了不少職場人和剛畢業的研究生，也和不少企業高級主管聊過天，漸漸發現一個有意思的現象。

我發現，同樣一個專案或一個任務，高階管理人員和普通員工的思維方式和做事方法是不一樣的，人與人的職場素養真是天差地別。讓我不禁感慨，為什麼有些人只能當員工，另一些人卻能成為高階主管。除了職場資歷和行業經驗外，人的職場前途根據行為模式，幾乎已經註定了。

我總結了兩點明顯的差別，和大家分享。這當然並不局限於高階管理人員和員工的定義，有些員工雖然目前還不是主管，但是職場素質非常好，未來肯定大有作為。所以更廣泛的說，應該是普通員工和一流職場人的差別。

一流人才的自尊心，不需要呵護

最近和某線上英語教學機構的公關副總談長期合作，見了幾次面。我發現她一頭短髮，踩著高挑的細高跟鞋，妝容精緻，永遠都是一副乾脆俐落的職業形象，說話語速快、邏輯清晰，不管是電話談事還是面對面談，一直都保持著專業的職場水準，不犯錯、不犯渾[1]、不失手。私下吃飯，我問她每天操心這麼多事情，怎麼還能保持這麼好的職場狀態。她笑笑，回了一句：「專業是我們的底線啊。」然後又擺出一副高階主管的姿態：「要麼專業，要麼滾。」所以千萬別小看職場狀態，人在職場，你的言行舉止，不僅代表你的職場素養，展現公司形象，在某種程度上甚至能影響你的前途發展。

職場上避免過於玻璃心很重要。我的助理讓我比較欣賞的一點，就是她能把工作和個人情緒做很好的隔離。因為職場上是講利益而非聊情感的地方，不管是老闆還是員工，大家的時間都很寶貴，不應該消耗在無謂的情緒上。我這個助理，有時候工作沒有達到我的要求，我就會批評她，甚至有時候措辭還很強烈。但她不管是承認錯誤，還是對我解釋，都能心平氣和收起情緒，不帶臉色。

這樣做的好處在於，我跟她講事情時，能把想說的話不帶任何包袱的表達清楚，極大的提高了溝通效率。甚至有時候我自己也覺得有些過了，事後問她說沒事吧，她就釐清思路跟我分析，我說的哪些是對的，哪些可能不對。「我雖然不明白你為什麼這麼安排，但是我相信你有你的道理。放心，我理解的。」若是普通員工，可能的反應會是，天哪，老闆怎麼可以這麼偏心！老闆怎麼能這麼說我！憑什麼呀，嗚嗚嗚……。

一**流人才的自尊心，不需要呵護。他們有自己穩定的自信，同時知道如何從批評中改進和提升**。這樣的部屬，加薪晉升，遲早的事。

從老闆的角度來說，花錢聘請你來是做事的，幫他賺錢或節省他的時間，老闆對部屬的態度一般都是對事不對人。今天罵了你，明天還要花時間哄你、照顧你的情緒，那是巨大的時間浪費。要知道，職場的江湖，就像一場戰役，大家卯足了勁一起做事，艱難搶占市場占有率，團隊士氣很重要。結果你一個人在那裡有情緒，不僅降低了自己的工作效率，還影響整個團隊的精神，影響其他人的工作熱情。這不僅會遭其他同事反感，老闆更是絕對不能容忍。

玻璃心的人在家搞搞文藝創作、搞搞浪漫是可以的，真的不適合出來混。早些年有個流行的詞叫「紐約客」，指那些外表貌似冷酷但內心溫暖的人。但它不是教我們要做一個冷漠的人，而是在職場上，做事情要聚焦事件核心，不要被自己的情緒干擾。

1 說話、做事知輕重、合情理。

總有人說，在職場上已經做了好幾年了都沒有起色，也很努力但就是不晉升，那麼你不妨問問自己：做事時情緒嚴不嚴重？犯錯時頭腦清不清晰？該談利益時談感情，你不掉鏈子誰掉鏈子（搞砸）呢。你的玻璃心，還是留著下班後再用吧。

更深層的執行力，才是職場通行證

青山資本副總裁李倩有一次跟我分享，她說一個人的「思考力」很重要，很多人做事情時，事前思考力不夠，事後又猶豫不決。思考力決定行動力，思考力不夠，導致要麼沒行動，要麼行動拖拉。總是一次次錯過風口，對著別人的成績流口水後悔。

這幾年，尤其二〇一六年，由於人民幣貶值，香港的美元保險產品在中國高淨值人士[2]中特別受歡迎。很多在香港念完研究所的職場新人，和一些其他行業的職場人士，甚至企業高階管理人員，都考了牌照，加入了這場海外資產配置的行業風口。我們公司今年也招募了不少這樣的人，我幫他們做教育訓練時，明顯感覺到普通職場人和高階主管們做事風格的不同。

一般人經常會猶豫徘徊，這個行業我能不能做好呀？萬一這個風口過去了怎麼辦呀？

萬一考試考不過怎麼辦呀？要不多點時間複習吧……反觀高階主管們基本上都是想清楚之後就會立刻投入，安排好詳盡的日程表，什麼時候複習、什麼時候考試、什麼時候入職、什麼時候培訓……各個環節都非常緊湊。

職場上做事，我的態度是：你先仔細想明白，**要麼做、要麼不做，果斷點**。最忌諱的就是想投入又怕損失，這樣註定辦不成事還浪費時間。要知道，市場上你全身心投入都不一定能成功，更何況三心二意呢。

再舉個例子，朋友介紹了一家在香港做海外課程遊學的機構，團隊幾乎都是名校背景，創始人琳達是布朗大學（美國八所著名常春藤盟校之一）畢業，希望能認識我，一起做海外留學、遊學的項目。那天在中環置地廣場的咖啡館聊了會兒，互相覺得調性不錯，然後她邀請我一月底去美西體驗這個為期兩週的行程。我說了一些關於這個項目的想法和建議，並請她們出方案。

兩天後，我收到了方案的文案，說實話，效率很高，有驚喜感，方案也很符合我的調性。我問朋友她們是怎麼做出來的，朋友說，琳達團隊回去特地分析了我的文章風格，還特地看了我的書，所以做出了這個符合我公眾號平臺調性的文案。

2 資產淨值較高的人。

市場上我們看太多所謂專案合作和資源對接的人，聊是聊得挺好，合作方案卻遲遲拿不出來，於是最後就淪為了「沒有解決方案的頭腦風暴」，浪費彼此心力。有些方案拿出來了，也是明顯感覺功課沒做好，誠意不夠。像琳達這種讓人省心又專業的團隊，市場上真的不多。

我們且拋開眼光、格局、魄力這些比較高階的素質，就單純從職場入門素養來說，很多人都是不合格的。所以，自尊心重要嗎？重要。但**職場上的批評只為激勵，不是踐踏**。執行力嫌多嗎？不嫌多。每一個高薪員工背後，都對應著你想像不到的價值創造。

無論你是大學生還是職場小白、無論你已經磨槍幾年，還是早已油滑老道，反觀每個行業的中流砥柱，他們無不具有這兩個基本通用素質——不需要呵護的自尊心，不猶豫拖拉的執行力，而後才有創造力和行業知識量等其他技能發揮的空間。

04 阻擋你成功的，不是行動力，是「弱者思維」

希望不用花什麼成本，最好免費得到一樣好東西，這就是典型的弱者思維。

年紀越大，看的人越多，經歷事情越多，越堅定這麼一個觀點——造成人與人之間差距的，不是差在錢上，而一定是差在思維上。思維沒跟上，即使中了幾千萬彩券，也會馬上敗光，更別提什麼財富增值的可能。

很多人事業起不來，財富無法實現大幅度的增長，一般不是缺資金，更可能是缺思維。和人聊天時，只要看他思考問題的角度、看待事情的方式，一般就能判斷出這個人未來行不行，或者說現在混得這麼好就是有原因的。有些人說性格決定命運，我倒更傾向於認為是思維決定命運。有些人即使現在事業沒起來，可能只是缺少一個風口和平臺，但是你知道他的洞察力很強，只要風口一開，必成大器；而另一些人，他混成現在這個迷茫的樣子，其實就是註定的，而且可悲的是，未來也不會有太大的起色。

這兩年自己的成長過程中，最大的財富不是銀行存款的數字，因為那只代表過去的財富；自己的思維方式、思考體系，比以前高了幾個維度，這個自己是有感覺的。這種思維的升級，來自自己看更大世界帶來的更高眼界；來自和各個領域專家的交流、碰撞、啟發；來自自己平臺和圈層升級後的思維迭代，這才是最安心和踏實的。知道自己雖然現在一無所有，也可以憑這個東山再起。所以有些人職場上起不來，不是弱在看得見的行動力上，而是弱在一種虛的東西，我稱之為：弱者思維。

對於自己不懂的，拒絕了解

拒絕了解不懂的新生事物，然後找出拒絕的理由，證明自己正確。舉個例子，比如這兩年直播比較火，爭議也比較大。如果你問一些人對於直播怎麼看，首先，他們自己沒嘗試過直播，然後就會根據自己得到的二手資訊判斷說：「直播，不就是一幫整容過的網紅臉在鏡頭前露胸、露腿，說些毫無營養的話嗎，太低俗了。」

確實，這是直播的一．〇版本，也是野蠻生長的階段。但是未來的直播，從美女網紅向各領域KOL（Key Opinion Leader，關鍵意見領袖）擴展，一定會走向大眾化、垂直化和專業化。你都不了解，就直接否定這個現象，就等於否定了未來的可能性和你的參與度。等到有一天，你身邊的某個朋友在直播紅利期迅速吸引關注成為KOL時，你方才醒悟和驚呼——那時，已經太晚了。

再看另一些大咖，他們對於陌生領域或新生事物的判斷，從來就是謹慎但樂觀，喜歡親自體驗。羅振宇在直播出來時，一個四十多歲沒有顏值的胖子，跟著一幫美女主播，在同一平臺，笑呵呵的做著直播，經常插一句「謝謝〇〇送的保時捷」，多搞笑、多和諧。

當我完全無法理解一個新生事物時，第一個反應不是用我傳統的觀念去質疑，而是保持像小孩子一樣的好奇心，去了解、去發現、**去找到存在必定合理的邏輯**。這樣，你就有可能比大多數人，更快一步找到風口，更早一步採取行動。

弱者思維的人，永遠都只能活在現在，無法擁有未來。因為陌生的未來才是現在，而你熟悉的現在，已經成為過去。且除了反對新生事物，更要命的是，他會找出一堆二手理由去否定，以滿足自己的天然正確觀念。這個其實更可怕。比如別人的突然成功，你不認為是背後的努力和眼光，而認為是運氣或巧合，表示不屑，覺得「自己也可以，只是沒那麼做」——這是弱者思維。

當新生事物和大腦原有的思維產生衝突，做否定的結論實在太容易了，意味著大腦可以不走出舒適區，還是可以愜意的走原來的路；但是如果新鮮事和原來的認知衝突，你試圖說服自己否定自己的話，不僅打擊自信，還要以一種燒腦的方式去探究，太累了、太辛苦了。

對新生事物的否定，本質上是源於內心的自卑和脆弱。因為弱，才需要去保護、去捍衛。簡稱自我麻痹、自我開脫。所以弱者思維的人，很有可能一輩子註定翻不了身，不是缺錢、缺機會，而是缺更大的包容胸懷和格局。

希望輕鬆得到，而不願付出代價

希望不用花什麼成本，最好免費得到一樣好東西，這就是典型的弱者思維。像我去年就一直嚷嚷著要減肥、要健身、要瘦成一道閃電，結果一直沒有成功，反而在健身房因為姿勢不對，造成了一些運動損傷。今年我請了一個私人教練，還真是不便宜，八百塊港幣（約新臺幣三千兩百元）一小時，他很專業的分析了我身體肌肉和骨骼的一些問題，告訴我之前訓練的方法對我不僅沒有幫助，反而有可能傷害身體，並幫我做了一對一的健身計畫。

但是我當時貪小便宜，覺得私人教練太貴了，想省錢，覺得自己看看 YouTube 的影片就差不多了，再下載個健身軟體在家練就可以了。貪小便宜確實能省錢，但犧牲了更大的時間成本和機會成本，其實更不划算。

同樣二十分鐘，如果你用來集贊換紅包的話，是不是就意味著放棄了把這二十分鐘用於成長提升的機會？別跟我說二十分鐘換不到突破，萬一你用這二十分鐘錄製了一段影片上傳到網路上後，第二天早上就紅了呢？別跟我說「萬一」才不會輪到自己。你知道買彩券的人除了助力了社會福利事業，還有什麼別的值得尊敬的地方嗎？那就是，別人至少捨得投資那回報未知的幾塊錢。而你捨不得，只會罵別人異想天開、好吃懶做（當然，這裡要把那些視彩券為人生唯一出路的投機者排除）。

你永遠要相信，好東西一定不便宜。互聯網最大的好處在於，一樣好東西因為可以被N個人購買，從而降低了每一個人的成本，但低成本並不表示沒有成本。如果二〇一七年以前的好東西能以免費的方式送給大家，是因為它需要獲取流量和使用者。但二〇一七年開始，移動互聯網通路已經鋪成，好的東西一定會收費。因為收費才能展現價值對等，免費永遠是不正常的。

其實貪小便宜的這種思維方式，本質上也印證了一個人的性格，是屬於「索取型人格」還是「付出型人格」。弱者一般都是索取型人格，因為害怕失去，希望得到更多，便不斷攫取；而強者一般是付出型人格，知道自己精神的富有，更包容、更懂感恩——更**願意創造些新東西給別人，世界便逐漸轉移到他們手上**。至於哪一種人更受歡迎、更容易讓大家願意幫助他成功，大家心裡都有數。所以到最後，強者越強、弱者越弱。

別總是把時間花在抱怨「我好迷茫」上，或者求助「下個風口在哪裡」，其實風口一直都在，只是你自己的思維屏障，人為擋住了吹向你的大風。所以，與其羨慕外面的世界，不如先改變思維方式。

05 沒有江湖地位，人脈其實只是認識罷了

人與人之間親密或疏遠，說到底就是看彼此的時間價值對不對等。所以我們註定要和一些人分離，和另一些人結合，找到價值等量的圈子和群體。

之前網路上流傳過一句：「圈子不同，不必強融」。從心靈雞湯的角度來講，這句話是對的，也就是「拒絕迎合別人，做獨立的自己」。但當很多人把這句話搬到職場，覺得職場也該是這樣時，就會有問題了。甚至在我看來，這句話是錯誤且愚蠢的。

在職場生活中，正因為人家的圈子比你高階，你才更需要不斷的以各種方式去融入那個圈子。我之前講過：「一個人不能在同一個狀態下待太久，也最好不要在同一緯度的圈子裡混太久。」聽起來很世俗、很功利，但現實就是這樣的。為什麼在公司裡要努力工作，從職員晉升管理層甚至合夥人？為什麼在事業單位裡要努力向上，從專員到科長、局長？因為上了一級就上了一個圈子，你的思考格局都不一樣了。

正如我有一套自己的邏輯，大家都知道選擇大於努力，但如何做更聰明的選擇，來源於更大的格局；如何獲得更大的格局，來源於進更厲害的圈子。厲害圈子裡的人的觀念想

法，他們擁有的資源、資本、人脈圈子和社會影響力，經常能讓你醍醐灌頂，改變你的認知。所以在職場上，你要做的不是安心舒服的躺在自己固有的圈子裡，而是應盡可能在較短的時間內，進入比自己更高級的圈子，儘早實現人生的蛻變。

人脈是等價交換，不是你認識誰

我也想認識那些強者呀，但我只是個小人物，要怎樣才能認識他們呢？其實認識的方法很簡單，現在的互聯網時代，只要你肯留心和用心，不是什麼難的事。現在很多大咖一般都有個人公眾號（或粉絲團），你可以留言給對方。有些甚至還開放了個人營運的微信號（或個人臉書），你可以直接和他私聊。當然，對方願不願意和你聊又是另一回事了。

另外，隨著線下分享、線上課程的普及，花幾杯咖啡的錢就可以聽到優質導師的課，和導師互動。總歸一句話，在互聯網時代，彼此連接的成本越來越低。所以別再說你認識不到了，那是在侮辱自己的智商。

但是，認識是淺層次的，我前面寫過一篇文章〈你現在的圈子，就是你的未來〉[3]，裡面有一句話：「進入圈子和融入圈子，是兩碼事。」有時候會碰到一些虛榮的人，在朋友圈裡炫耀說——哎呀，一不小心和○○在同一個微信群，要不要去加他本人微信呀。

你和他在同一個微信群，並不表示你們在同一個圈子；你加他個人微信，未必能加上；即使加上了，也未必聊得來。說白了，你對他沒有價值嘛。對強者來說，錢可以浪費，時間卻不行。對方沒有理由浪費時間和你做價值不對等的交換。所以接下來，我想從我自己的親身體驗，和大家分享真正核心的內容——如何融入你想認識的人的圈子。

很早就關注我公眾號的讀者一定知道，我和讀者的關係都維護得挺好的，留言基本都會回覆，還經常辦一些線下的讀者交流會。現在隨著讀者訂閱用戶越來越多、自己的事業也越來越大、工作越來越忙，真的做不到留言逐條回覆了，在有限的時間裡只能爭取盡量了。然而也有一些讀者，用他們的方式，提供對我有用的價值，和我產生很好的聯繫。

我在成都的一位讀者，知道我出了本新書，要在全國一些城市辦簽名會，就聯繫我說她在成都，希望能幫我策劃一場成都當地企業家和媒體圈的活動。她跟我說，你只要人來成都就好了，其他的事情我來安排。我們雖然還沒有見過面，但透過這個事情，已經有了很多交流。於是在成都，除了大學和書店的出版社活動之外，在她的安排下，我和成都一些不一樣的圈子，進行了一場愉悅的交流。而她本人，也成為我在成都地區很好的朋友。

3 可參考第三十三頁。

當然說這個並不是想表現自己是所謂的大咖，而是想說，**在彼此還不是很熟悉的情況下，給對方提供有用的價值，才是最好的溝通方式**。

再舉個例子，李笑來老師在互聯網圈的江湖地位屬於大神級，我公眾號訂閱人數只有一、兩萬時，就曾嘗試和李老師勾搭過。可以預見，人家斷然是不會理你的，因為對他來說沒有價值。而上個月當我再聯繫他，希望能在北京向他當面請教，並願意以自己的影響力幫他推廣付費課程和社區營運時，他說來北京聯繫他。後來在北京李老師的家裡，我和他私聊了近一個小時。李老師拿著我的書跟朋友介紹說：這小夥子寫了本暢銷書，挺厲害的。

所以你會發現，當你和對方的江湖地位嚴重不對等，而你又無法為對方提供有用價值時，你很難和對方獲得平等的溝通。我們的社交，本質上講，其實都遵循兩個社交價值：**要麼你們之間有利益價值、要麼有情感價值**，或者兩者疊加。職場上和生意上的大多數社交，建立在商業利益上；朋友之間的社交則多為情感價值，情感就是社交貨幣。

人與人之間親密或疏遠，說到底就是看彼此的時間價值對不對等。所以我們註定要和一些人分離，和另一些人結合，找到價值等量的圈子和群體。時間價值的有限和稀缺性，讓我們必須學會優化配置，不管出於主觀意願，還是客觀因素，這都是我們必須接受的現實。

不斷逐夢和向上的我們，註定要離開過去的圈子，重新融入新的圈子。我們在蛻變，我們的圈子也要迭代。人與人的關係，就這麼一直動態平衡著。當然，想要真正融入你希望進入的圈子，最核心的還是提高自己的核心價值，讓對方覺得和你坐在同一張桌子旁聊天，不是在浪費時間。這時候你們之間甚至都不需要有利益關係，靠的就是彼此的江湖地位。當你的核心價值不夠高時，你就需要付出更多的時間和精力為對方解決問題。當彼此價值不對等、地位不匹配時，唯有相對弱勢的一方付出更多，甚至是不求回報的付出，幫助強勢一方解決問題，才有可能融入對方的圈子。而如果你連幫他們解決問題的能力都沒有，那就想辦法幫他們節省時間。

好像寫得很現實、很黑暗，但現實就是這麼一個功利的世界。**功利，只是等價交換市場原則最好的詮釋**。沒辦法，在這功利的世界，拚的就是江湖地位。

06 你的外語能力，藏著你的思維和世界

當你只擁有一套語言系統時，你的思維方式，潛意識裡也被語言所限制了。這東西很難言傳，誰用誰知道。

有一天公眾號後臺收到一條留言：「史賓賽，經常看你的文章，覺得很不錯。知道你以前是英語老師，又發現艾力、李笑來，還有我們的馬爸爸[4]以前都是英語老師，是不是英語老師都能言善道呀？」本來覺得只是玩笑話，沒當真，但細細想來，發現英語對我而言，確實可以說改變了我的一生，打開了通向新世界的視窗。

每次回老家，開口就是家鄉話，雖然感覺樸實又熟悉，可是每次都會不自覺的陷入「我是誰」的疑慮。到底我是讀者心中洋氣的史賓賽，還是身邊人接地氣的大飛哥？當我接起來自香港的電話，對手機那頭講起外語，那一刻，就感覺是從國內十八線[5]ＩＤ，縱身一躍成國際一線的ＩＰ。

確實，不同的社會所孕育的文化影響了那一方的風土人情，語言背後所承載的是一種情懷與氣質。學習一門語言的更深意義，就是去接觸、感受它所帶給你的文化衝擊與影響

力。為什麼說不同的語系能夠展現你的氣質？這就好比普通話，還有形式多種的方言。你是南方溫柔似水的女子，或是北方豪情灑脫的姑娘，你的性格氣質早在你開口講話的那一刻，就已經展現得淋漓盡致。

對於英語的狂愛，始於我年輕時所喜歡的兩個好萊塢影星：布萊德・彼特（Bradley Pitt）和喬治・克隆尼（George Clooney）。我不僅看過他們所有的影視作品，我甚至模仿他們的生活方式。比如喬治・克隆尼穿西服時的感覺、說話時雅痞的神態，布萊德・彼特笑起來壞壞的表情。當然，模仿最多的是他們講英語的口吻和發音，因為覺得很酷。精彩之處，我能反覆聽到手機自動關機。

後來我發現，**當年的那些刻意模仿，確實影響到了我現在的氣質**。至少在那兩位優質偶像的薰陶下，我不至於很土，甚至還有一絲洋氣。如果你英語不好，那麼你就很可能對英語的世界和產品不會產生很濃厚的興趣、你就不會看很多優質的歐美影集、不會看很有才華的英語脫口秀、不會關注總統大選的演講和辯論技巧。因為你沒有能力。你很有可能錯過一個很有意思、很豐富的世界，而只能在國內戲院看沒有什麼營養的進口大片。

---

4 馬雲。

5 普通明星有一線、二線和三星之分。十八線指沒什麼名氣的人。

很多思維瓶頸，一門外語就能跨過去

我的文章裡有時會夾雜一些英文的單字或者句子。有些人說，就是不喜歡一篇好好的中文文章裡出現英文單字。但是，你不得不承認，有一些英文字的寓意，就是沒法用中文表達出來，能看明白的讀者，就懂。英文裡的表達習慣和中文是很不一樣的，這其實代表了另一種思維的路徑，會讓你的思維方式從中文的固有框架裡跳出來，開啟另一種人生的可能。

中文的語言體系往往是形容詞放在名詞之前，俗稱定語前置；但英文的語法體系，往往先把重要的資訊說出來，後面再接一連串的後置，比如定語後置、介詞短語後置、定語從句……講語法我能講一天。學過口筆譯的同學，就應該能理解我要表達的意思。

中文和英語，像兩套完全相反的語言體系。語言本身會禁錮我們的思維，這是語言學裡的觀點。

這就意味著，當你只擁有一套語言系統時，你的思維方式，潛意識裡也被語言所限制了。這東西很難言傳，誰用誰知道。

學好英語，世界就是你的

很多語言講不準就算了，關係不大。但是，聽不懂才是真尷尬。我去美國時，因為懂英文，不至於有陌生的恐懼感。我來香港的第一年，不會講粵語，怎麼辦呢，就先用英語交流。雙語自由切換，是一種很帥的感覺。

我當年和外國友人聊天時，他們經常問我的問題是：「史賓賽，你確定你沒有去過美國嗎？你的講話方式和我們很像。」此時，我總是裝酷的回：「是的，我出生在中國，典型的中國人。」語言本身是自帶氣質的，你在講不同語言時，語言會給你增添不同的氣質。我第一次去美國時，飛機降落在芝加哥的機場過安檢，當時一個黑人檢察官和我聊了幾句，覺得我英文口語特別好，直接就來了一句 Welcome home（歡迎回家）。

當年我決定辭職來香港念研究所時，需要考託福或雅思，我選擇考託福。那時候我還有工作，我就早上五點鐘爬起來，聽幾篇聽力測試，或者做一小時口語練習，晚上下班回到家做寫作和閱讀。因為英語底子還算不錯，基本上用三個月時間複習，就考了一個超過要求蠻多的分數，後來順利拿到了 offer，來到香港，再有了這幾年的故事。

另外一個例子是我的一個朋友，前兩年他也想來香港進修一下。我說你來吧，應該出來看看這個世界，但是他就在英語上被拖累了。因為他大學英語底子不太好，再加上工作幾年，基本上英語就廢了，嘗試考了兩次，語言成績都不太行。最後沒有來成香港，現在還是過著原來的日子。我倒不是說來香港就一定好，人生一定會大不同或怎樣。但是，當我們面對人生重大選擇時，不應該被語言體系絆住腳步。因為這關乎自由。

07 工作與生活平衡？好工作不會讓你想到這個

好的工作就是這樣，一邊玩命虐你，一邊給你高級的滿足感。如果一個人不能享受工作，那麼他就不能真正享受生活。

除了香港的金融理財業務外，我在深圳開了一家文化傳媒公司，籌建了自己的「S工作室」。目前全職人員不到十人，九〇後為主，都是我精心挑選之後帶出來的團隊。我公司文化有九個字：不要臉、不害怕、不要命。

不要臉：團隊一起工作，尤其做專案時，如果成員間意見產生分歧，在直接交流的過程中，語氣激烈是可以允許的。因為我的性格就是要罵直接罵，本著對事不對人的原則，如果討論的效率不高，那就吵嘛。在職場打拚，得有不要臉的覺悟。

不害怕：新媒體行業算是一個比較新的行業，這導致很多事情沒有前車之鑑可以參考，大家都是摸著石頭過河，一路踩著西瓜皮。而且新媒體屬於典型的互聯網行業，變化快、紅利週期短，早進場吃肉，晚幾步喝湯。比如感覺上半年還在講知識付費呢，過了半年這個詞就被說濫了。

所以對於霧氣騰騰、完全沒什麼方向的未來，只有兩眼一抹黑，提著膽子走夜路。走對了，有幸嘗到一波紅利；走慢或走偏了，那就乖乖交學費。儘管今年我們做出了一些不錯的品項，比如新媒體寫作課程，算是樹立了行業的認知標竿。

不要命：他們說創始人的性格會奠定一個企業的文化基調，的確是這樣的。反正我在面試新人和團隊開會時，都讓他們明白，既然選擇來我們這裡工作，就不要想著工作與生活平衡。工作就是生活，生活就是工作。上班時間固定，下班時間不固定。雖然有良好的辦公室環境，但也要隨時移動辦公。做足浴時我們在討論工作，參加線下活動時，一邊喝香檳、或者一邊聽著課、一邊打開了電腦。經常晚上十點還在開當天的總結會和第二天的計畫會。

簡單點說，我們員工的時間都是賣給公司的。不過呢，這種獨裁的工作氛圍沒有你想得那麼糟，而且隊友們都已經慢慢接受並且習慣了。和我們團隊合作過的人，經常對我們這種二十四小時不間斷的工作氛圍感到不解，質疑這是一幫什麼樣的人。然後問：「你們不休息嗎？」結果團隊成員哼哼一聲冷笑：「老闆不要臉、我們不要命。」

而這套系統能執行的前提是，每個在這裡工作的成員，都能獲得很刺激、很充實的經驗，儘管過程很辛苦。每個人的能力和職場素養，可以在短期內得到撕裂般的成長。**有成就感，才會有歸屬感**。

目前看來，新媒體部門營運得還算不錯，手上有好幾個專案在運作。忙完這一陣子，還有後續的專案跟上。大家的工作量負荷都很高，但都被壓榨得很過癮。

工作與生活平衡？那是因為你把兩者視為對立

有一次和我一起做專案的朋友，在深夜十一點還在辦公室打磨課程時問我說：「我特別想問你一個嚴肅的問題。」「嗯，你說。」「講真的，你幸福嗎？」我正在喝水，差點噴出——這是什麼問題，你又不是記者或主持人。

「真的，」他神情嚴肅說：「你每天都安排這麼滿，你怎麼平衡工作和生活。你都沒有時間談戀愛，連花錢的時間都沒有，只有工作。品牌方請你免費遊歐洲，你都不去。你不覺得你這樣的人生，沒有什麼樂趣嗎？」

以前他看我的目光，是有些羨慕；這一刻，我竟然看到了一絲同情。我認真工作，居然被同情了。但問題是，我不覺得辛苦呀，我還覺得挺好。**如果你把工作放在生活的對立面，你當然希望工作和生活能夠平衡**。但是對現在的我和團隊來說，工作就是生活的一部分，或者就是全部，這兩者是融為一體的。

雖然我不去旅遊，沒什麼時間去看電影，但這是我主動做出的選擇。你所認為的看電影、旅遊才是生活，而我覺得工作的樂趣比旅遊和看電影更多，更加有生活的感覺，這樣不可以嗎？看電影、旅遊讓人快樂，就是生活；工作也讓我快樂，這也是生活。所以，問題就在於我們對工作和生活的理解不一樣。

當然，我的生活也不完全是被工作填滿的。我去另一座城市出差，在萬米高空無人打擾的情況下看一部電影，享受其中，這是生活。在另一座城市，雖然忙碌，但晚上和合作夥伴或朋友撮一頓當地不錯的晚餐，這也是生活。

如果生活和工作非得要分開的話，忙裡偷閒，才是最好的狀態。就像日本服裝設計師川久保玲說的那樣，她從來沒見過，一個休息過很長時間的人再回來工作，能比之前的狀態好很多的。

能夠像我們這樣全心全意在工作上，其實是有兩個大前提的：

第一，要深刻理解，工作和成長才是對青春最大的不辜負。雖然職場上的確有彎道超車的可能性，但那只是屬於少數人的逆襲話劇。職場更多的現實是，一步領先，步步領先。所以步入職場的新人或者小兵，應該充分利用好自己最開始的幾年，埋頭苦幹，實現職場能力的迅速提升。接下來的職場路，就會越來越順了，也會少一些焦慮。所以，我一直相信，職場上的年輕人，只有用工作換來自己快速的成長，才算是不辜負自己初入職場的那頭幾年。

第二，目前的你還沒有太多牽絆。如果一個人成家，有了妻子和小孩，那麼在上有老下有小的情況下，他確實是應該分一些精力和時間給家人。如果此時撇下家人不管，一心全部投入在工作上，那就真的顯得有些可憐，值得同情了。因為家人才是最重要的嘛。

那位同情我只有工作、沒有生活的朋友，他自己有老婆有孩子，第二個小孩馬上要出生了，在我看來，是絕對的人生贏家。我現在的生活和工作方式，當然不適合他的處境，但對我自己來說確實是目前最好的狀態。但是如果你沒有成家，你就真不應該把大好的青春賭在生活上，而應賭在工作上。

還有一點，我這麼努力工作的原因，就是希望在我成家、有小孩時，我可以有能力選擇相對輕鬆的生活方式，那是我喜歡的。所以，現在暫時選擇困難模式，怎麼就不對了？我覺得**好的工作就是這樣，一邊玩命虐你，一邊給你高級的滿足感**。如果一個人不能享受工作，那麼他就不能真正享受生活。你同情我的辛苦，是因為你看不懂我的幸福。

08 最怕多年辛苦投入，最終發現下錯注

對於未來，下錯注是一定會發生的。我們能做的，就是發現走了一步爛棋後，能及時停損。

太多人都是晚上想著千條路，早上起來卻走老路。

前幾天回了趟老家，和家鄉從小玩到大的好哥們一起吃飯。他在家鄉不錯的事業單位上班，工作能力強，也有眼界。但是在小地方吧，經常感到才華無處施展，把他憋壞了。

他和我吐槽了很久，我能理解他的處境，就和他說，以你現在的能力和社會地位，為什麼不出來自己開一家公司呢？自己做老闆，按自己的意願做事情，而且收入一定比現在雞肋的薪水好呀。

讓我無奈的是，他想自己出來做一番事業的心幾年前就有了，但就是因為在單位裡已經混出了一些資歷，捨不得放棄這些年的辛苦投入。他也承認，自己未來五年到十年的職場生涯，小日子不錯，但大風光沒有。

其實，當我從一個不顧一切的少年，轉變到如今在市場上博奕的大叔，混了這些年，

越來越深刻感觸到這個道理。

及時停損，遠勝孤注一擲

你相信嗎，更多人都是淪落到最後一刻全盤皆輸，很少有人能夠在早期及時停損。為什麼很多人做不到及時停損，一是因為沒有智慧，二是沒有勇氣。缺乏智慧，表現在還用「經驗主義」來思考，覺得社會還是那個你畢業時候的社會，行業還是當年你理解的那個行業。所以，他們覺得當年的那個選擇，現在依然大概還是對的。但他們現在困惑的是——當年大家口中的那個陽光大道，現在怎麼感覺越走越窄了呢？

很多人不了解，如今的社會和行業分工，早已經升級了一個版本。一個**越是成熟穩定的社會結構，上升通道其實更封閉**。看看現在國外的發達地區，歐洲階級固化得一塌糊塗，美國還好一些，除了現在風頭正勁的科技互聯網公司，和本來收入就偏高的金融行業，其他行業也就僅此而已了。

而當下的社會，正處在以互聯網引領的巨大變革裡，你再用過去的經驗做未來的判斷是最可笑、最懶惰的決策。因此，我們最應該要摒棄的就是「經驗主義」，太多人會死在自己過去的存量上。但是，哪怕有些人看明白了目前的趨勢，他們依然沒有勇氣。

曾經看到一篇文章，覺得裡面有段話說得特別有道理。「真正的大機會都出現在社會巨大變革的風口上，賺大錢的機會亦然。」例如，歷史上每一次的生產力進步、行業的大升級、大轉換，對應到金融上是巨大的加息和降息週期。在轉換的風口，需要的是冒險精神和行動力，而不是精緻的學歷和驕傲的身段。

對於中下階層更是如此，中下階層**越追求安全感，越註定了被收割和下滑為底層的宿命**。留給這些人改變命運的只有一條路：玩命冒險、拚命行動。要有「光腳的不怕穿鞋的」之大無畏精神。所以企業家王健林說：「清華、北大，不如膽大。」話糙理不糙[6]。

不要妄想一生只做一份職涯

我相信在未來，我們在職場上需要隨時做好踩坑的準備。原因不在於我們，而在於這個時代的週期變化太快、太短。對於未來職場，我們該放棄一種妄念：一**生只想做一份鍾愛一生的事業**。

《奇葩說》辯手邱晨回母校中山大學演講時，被問到當初的職業規畫是什麼？怎麼走上辯手這條路的？

每個傑出的校友似乎都會被問到這個問題——人們渴望獲得一勞永逸的答案，可以複製光鮮亮麗的人生。但是，邱晨的經歷非常不按牌理出牌。她本科畢業於工商管理學，研究所讀的是新聞，當過記者，又跑去當設計師，現在成了辯手。

這麼看，邱晨的職業很難抓出一條清晰的規畫，東一個、西一個，最終卻拼湊成邏輯如此強大的思維。然而，這一路質疑聲不絕於耳。邱晨說，當年中大還沒有傳播和設計學院，如果有，她會更輕鬆的獲得認可。因為，最初轉行設計時，很多人懷疑：妳一個記者懂設計嗎？結果，看似不可靠的跨界，卻被邱晨變成了獨有的優勢。

邱晨察覺很多設計師對人性的洞察不夠深刻，這點恰巧是記者的特長。所以，對內容的理解讓邱晨不拘泥於技術本身，碰撞出了更多符合使用者思維的產品。倒退十年，我們無法想像技術、市場需求帶來當下所有的機遇。展望十年，我們狹隘的想像力框不住未來的無限可能。所以，「鍾愛一生的事業」不存在於未來的視野裡，而是隱藏在人生的每一步裡，待你回首時才能發現。

---

6 話說得很平常不加修飾，甚至不太文明，但道理很正確。

「未來五年的規畫」可能會毀了你

真的，我現在在創業的過程中，真的覺得未來的每一步都是機會，也都可能是坑。經常有投資人或者創業的朋友問我，你們公司未來的五年規畫怎麼樣？投資人和我說，如果一個創業者找他融資，信誓旦旦的說未來一定是怎麼樣，他們其實是不敢投資的。因為這個人，要麼是天才，但更有可能是個瘋子。對於未來，我們真的要保持敬畏。因為真的預測不到，我們既無法預測未來的樣子，也無法判斷出它到來的時間，真的很無奈。

小步快跑、快速調整，不斷的發現趨勢，又不斷提醒自己說，這可能只是個假象。對於未來，下錯注是一定會發生的。我們能做的，就是**發現走了一步爛棋後，能及時停損**。因為未來每一個成功者，可能都是倖存者而已。除了能力，更與時運在不在你這邊有關。

09 你不是菁英思維，你只是菁英姿態

大多數覺得自己很行的人，一般都不夠行，甚至是有些蠢的。反而越是大佬，越接地氣。

一個有夢想的「土豪」當上了新一任的美國總統。川普當選美國總統那天，我看著自己小贏理財黃金帳戶裡的黃金，跟著川普的票數一路大漲，中午川普勝局基本鎖定，CNN（美國有線電視新聞網）率先公布。公眾號寫手們第一時間發出預先準備好的川普獲勝推文，而希拉蕊獲勝的那篇，閱後即焚，註定再也見不了光。辦公室裡同事凱茜攤在椅子上，臉色和當天港股的表現一樣，一臉不可思議、嘴裡碎碎念叨：沒想到啊，黑天鵝[7]啊，我昨天買入了美股，賣掉了黃金，這世道……。

少數人在狂歡，多數人在哭泣，而不明真相的群眾，就像看了一局現實版的、更過癮的《紙牌屋》（*House of Cards*），多了接下來一個月的茶餘飯後的話題。於是有人開始分

7　指極不可能發生，實際上卻又發生的事件。

析、總結和評論這場黑天鵝現象。

事後諸葛總讓人覺得無趣無味，除非你像專欄作家連嶽老師一樣厲害，一週前就敢寫文章預測川普是下一任總統，那才是令人佩服。而我只想結合自己的想法和體驗，和大家聊聊——互聯網時代，大眾到底喜歡什麼樣的人？

因為寫公眾號的緣故，結識了不少公眾號圈子的朋友，有些是全職寫公眾號的，有些是本職做其他行業，業餘時間寫（像我這類）。大家基本集中分布在北京、上海、杭州、深圳、廣州等城市。因為工作的緣故，我經常要去這些城市出差，偶爾就會約這些公眾號大咖線下一起吃個飯或喝個茶。

然後我發現一個現象：經常會有一些我認為思想開闊、學富五車的大神，他們公眾號的訂閱數或單篇文章的點閱率並不高。他們有時候也跟我吐槽，自己用心寫的文章或乾貨沒什麼人看，那些毫無營養的雞湯文和情緒文，卻動不動就十萬以上的閱讀量。我分析說，一方面是你的文章內容比較垂直[8]，還有可能是因為你的姿態和調性都太高了，你有偶像包袱，或者說是所謂的菁英包袱。

人性都是希望在公眾面前展現自己更好的一面，這個沒錯。因此就導致你寫出來的文章離地三尺，讀者無法產生呼應和共鳴。**一個人一旦有了菁英包袱，不管他是真菁英還是偽菁英，潛意識裡就會覺得自己高人一等，開始處處端著、裝著，開始不接地氣、不說人話。**我在香港見過太多這樣的所謂菁英人士。

覺得自己和大眾不同——這心態不會讓你成功

香港的資本環境、國際金融中心、中環的高貴氣質……在香港的金融男特別容易陷入這種所謂的菁英思維裡。訂製的西裝、手工的皮鞋、印著自己英文名字字母的襯衫袖口、騷氣的袖扣……沒錯，這些行頭確實不錯，很有氣質、很有格調、很香港、很金融。但有時候和他們交流，你很快就能感覺到他們口吻裡的自傲，一面刻意克制的膨脹，一面又掩蓋不了面部表情虛榮流露。這種感覺，騙騙涉世未深的小姑娘還行，而對於我們，我會出於禮貌，儘快結束這場尷尬的交流。

當然我不是說所有的中環金融男都這樣，我也有不少做金融的朋友，個性謙遜、風趣幽默、不說假話、不擺架子。只是我覺得，很多人會被所謂的頭銜和外在光鮮浸淫，產生所謂菁英的姿態，非得要有意無意的把自己和大眾區分開。其實往深了想，你會明白，大多數覺得自己很行的人，一般都不大行，甚至是有些蠢的。然後你會發現，反而越是大佬[9]，

8 文章比較有針對性，是對某一特定群體而言的。

9 一般指資歷老、輩分高、說話實用的人。

越接地氣。也許你很難約到他們，因為他們的時間真的很寶貴，但一旦約到了，你會發現對方根本沒那麼大的架子和排場。真正厲害的寫公眾號的人，會放低自己的姿態，用一種對方聽得明白、覺得舒服的語言來表達自己的想法。

朋友經常跟我說：史賓賽，你還真敢暴露自己，真敢寫。過去那些年留學生窮、香港租房苦、捨不得坐頭等艙這種事，你就那麼毫無顧忌的寫出來。好歹你現在也有幾百萬的讀者了，你就不怕掉粉或者被黑嗎？我說，這我還真沒擔心，而且也不應該擔心。因為讀者厚愛，有了點名氣和影響力，就覺得自己進入另外一個高的圈子或階層，這種想法是很愚蠢的。等於挖一個坑，把自己埋了，最後可能連自己是怎麼死的都不知道。

直播剛出來特別火又不夠明朗時，羅振宇也笑呵呵的搞直播。四十多歲的中年胖子，互聯網自媒體標竿人物的江湖地位，上直播也來一句「謝謝○○送的保時捷」，把我樂得不行。能放下姿態，敢玩不怕出醜、敢自嘲、自黑、自戀，做更真實的自己，沒有面具、沒有包袱，就能在互聯網裡玩得開、吃得香。在互聯網的虛擬世界，真實，尤為可貴。

二〇〇〇年總統大選，高爾敗給了小布希。有記者採訪過民眾，問為什麼把票投給了小布希。一位大姊說：「因為高爾看起來太聰明了，我不放心。小布希看起來挺老實的。」這一次，希拉蕊敗給了川普。撇開所有其他因素，誰看起來更菁英、更政治？誰更大眾、更像身邊的人？放在一起分析原因，你會發現：歷史，總是驚人的相似。所以，在這互聯網時代，**你可以有菁英思維，但請放棄菁英姿態**。

⑩ 人生絕無白走的路，但是有彎路

該野蠻生長的年紀，就別談什麼歲月靜好，趁年輕的時候，應該全力以赴，儘早完成自己的原始累積，達到起飛點。

李宗盛在二〇一六年所拍的New Balance（新百倫）廣告[10]，是我目前看過最走心的廣告。在這個不斷按著快轉鍵的世界，一個關注力越來越匱乏的時代，整支廣告長達十二分鐘，也是夠勇敢。如果打分的話，我給九十七分。

從徹夜不眠的東京，到寂寞也有意義的溫哥華，香港的感情浮光掠影，吉隆坡是他的第二故鄉。雖然片子裡沒怎麼提到他也待過的北京、上海和臺北，但已足夠。花白的落腮鬍，蒼而不老的臉，已年過半百的李宗盛，被叫大叔都懷疑是裝嫩的老男人，他的腳步已經丈量了世界，他的作品走得更遠，他可以堅定的說：「人生沒有白走的路，每

10 https://www.youtube.com/watch?v=49HBJXsdeQk。

一步都算數。」

我也希望自己在他這個年紀時，轉過頭看一路的腳印，足跡清晰而踏實，可以和自己說：「你這一輩子沒有白活，你的路，也沒有白走。」但現實是，如今已經走了近一半路程的我，回頭看自己這些年留下的腳印，跌跌撞撞、彎彎曲曲、深深淺淺、像一個醉漢，或是一個無頭蒼蠅。不禁無奈搖頭，這條人生路，現在看來，真懷疑是怎麼走到今天這一步的。

人生沒有白走的路，因為每一步都是自己的時間消耗的代價。但人生有彎路，這些彎路讓彼此雖然是同樣的年齡，卻拉開了差距。本該到達的彼岸，如今悲慘的發現——依然是彼岸。所以，有必要回想當年愚蠢的想法，和早該明白就可以少走些彎路的道理。

年輕時就是要急功近利

我現在的想法是，該野蠻生長的年紀，就別談什麼歲月靜好[11]，趁年輕的時候，應該全力以赴，儘早完成自己的原始累積，達到起飛點。也許聽上去有些急功近利，但現實是，早一步完成原始累積，早一步拿到選擇主動權，早一步獲得未來的豐富性。

職場上，有這樣的一組矛盾，就是在時間、資歷、經驗的累積下，我們的主動選擇權越大，機會越多。但同時選擇的機會成本也隨之增加，導致的結果就是——貌似支配的自由度更高了，但更保守了。所以羅胖在節目裡說自己不敢休息，說萬一去海南度個假，結果在北京錯過了一筆大買賣，豈不虧死。很多人聽到可能會覺得羅胖太假了、太矯情了，這就是屬於典型的階層間的誤解。

羅胖吭哧埋頭幹活那麼多年，好不容易完成了原始累積，走到了事業的臨界點，接下來的路，不是走和跑了，而是飛。此時的羅胖，或換成任何人，能停下來歇一歇，選擇不飛嗎？別傻了。

當你手上可以操控的事越多，金額和影響力越大。其實，選擇停下來還是繼續走，已經上升到本我和自我的抗爭了。所以在年輕時，就是要急功近利，就是要全力以赴。慢慢來，是慢不出一個美好未來的。你在飛機跑道上滑行越久，並不表示你一定會飛得更高，而是有可能飛不起來了。所謂虛度光陰，歲月靜好，那是留給已經事業起飛的人用的。我們這些還在地上摸爬滾打的人，就不要矯情和煽情了。

這兩年，經常為一種矛盾而感到焦慮，就是——人生的豐富性和時間的匱乏感。雖然

11 指生活平安寧靜為好。

主要在香港，但深圳、上海和北京是我今年常去的幾個城市。在這些城市裡，我也慢慢有了朋友和圈子，漸漸有了商業上的來往。我心裡清楚，不同的城市孕育著不同的機會。雖然有時候恨不得化身幾個自己，這樣可以同步和擴大業務範圍，但無奈皮囊只有一副，你在這裡花的時間多，勢必那邊顧不上。一個創業的朋友和我說，現在他是不敢休息的，根本沒有週末的概念，每一天都來不及、每一天都不夠用。他抽了根菸，嘆了口氣，一本正經的浮誇說：「一天不工作，損失十萬元。」

公司可以培訓你，但不要總是在培訓你

有個朋友曾說過一句話：「現在的公司結構會越來越開放，越來越扁平，有好多問題可以隨便問，這是好事。但一方面，如果自己不去了解呢，也不會有人來主動告訴你，所以還是要靠自己。」

互聯網的便利、社交圈的緊密，讓我們更快捷的獲取想要的知識、更容易的連接想要找的人。但所有的一切都有一個前提，就是你是不是一個「自我驅動」[12]型的人，內心是不是有個一直燃燒的小宇宙，或有一口鍋，鍋裡燉著濃濃的雞湯，每天起來喝一些，營養自

己，還滋潤別人。

我們在徵人的時候，並不擔心員工或部屬對業務不了解，因為這是可以培訓的。只要基礎素質在，能力是可以彌補經驗的不足的。我們最感到無奈和無力的，就是那些人的眼神裡看不到渴望，靈魂裡看不到成長，渾身缺少一股向上的勁。這類人就是所謂的你不推他，他就不走，做事情永遠不會自己主動想，得靠別人說才會做的人。這種部屬，屬於扶不起來的阿斗；這種同事，屬於豬一般的隊友。

這就好比老闆在前線衝鋒陷陣，攻城掠地，回頭一看部屬一臉木訥，還不知道怎麼用槍耍刀，受傷了還不會自救，不僅幫不了自己，還是個拖油瓶。花時間狠心批評，人家還玻璃心，你還得花時間安慰。老闆的時間是最寶貴的，老闆花錢僱你是用來節省他的時間的。如果僱來的人不節省時間，還占用他的時間，對不起，公司不是社福單位，更不是慈善機構。

自我驅動型的人，會自己成長，遇到問題自己尋求解決方案。給上司的方案，除了給A方案，還會給B和C方案選擇，並站在上司的角度提前想好問題。這種員工就相當於老闆又擁有了另一個自己，甚至是一個更好的自己。我們可以培訓你，但請不要總是在培訓你。其實說這麼多也沒用，你自己不走過，怎麼知道是彎路呢？**道理都懂，彎路照走——這就是青春。**

⓫ 不忘「初心」？也許初心沒那麼重要

現在所看到的世界，還是表面；現在所相信的理念，一定會變。不要扼殺你職業生涯的另一種可能。

是的，我覺得有時候，「初心」沒那麼重要。經常能聽到所謂心靈導師在告誡「不忘初心，方得始終」；雞湯文過一段時間就要開始靈魂安慰：「走了那麼遠，想想當時為什麼出發」。

我承認有的初心是要堅守的，比如涉及道德觀和價值觀層面時。但在人生或職場的道路上，更多的現實是——**如果你走了那麼久，還保持原來的初心一點沒變，要麼就是你的初心訂太低**，沒有進步；**要麼就是你的初心訂太高**，光榮偉大正確得沒有現實意義。因為**「初心」伴隨我們成長，也是不斷更新迭代的過程**。

多年前有個《非誠勿擾》節目很紅，有個片段讓人印象深刻：一個男嘉賓表現亮眼，一路過關，深得女生青睞。最後三位女嘉賓站在臺前，包括其中一位開始就被選的心動女生，他需要牽起其中一位女嘉賓的手，但最終他選的不是當初第一眼看中的那位。主持人問他為什麼？他淡然回答：「我覺得自己一開始的判斷是不正確的。」

馬雲也曾多次在公開場合承認：「我一開始做阿里巴巴時，真沒想到它會成為現在這個樣子。」關於未來的各種未知、生活的多種可能，確實你不做就只能錯過。如果一開始就能神準預測自己未來會什麼樣，那就沒有VC（Venture Capital，創業投資，簡稱創投）和PE（Private Equity，私募股權投資）這類事了，創業就不是九死一生的機率了。

人生沒有最佳時機，多數人敗在太尊重自己

感覺自己是個後知後覺的人，尤其最近又開始接觸創投圈，真心覺得自己老到不行，外加低俗到爆。從大的跨境醫療的蓬勃、互聯網金融的崛起，到網路購物還在火熱，馬老闆就推出了VR購物。4G剛普及，就要為5G時代的到來提前做好投資部署了。小到如何做一份用戶體驗更好的簡歷，或者家庭外賣模式衝擊百度、美團等，都在各方面改變著我們衣食住行的用戶痛點。有些痛點我們知道，而有些痛點甚至自己都沒意識到，在未來幾年都有可能得到巨大改善，甚至顛覆。

所以，做未來部署和規畫一方面顯得非常重要，因為在錯綜複雜眼花繚亂中，總要找

到一條你認為清晰的道路，要不然和盲人就沒什麼區別了。但另一方面又顯得愚蠢可笑，因為未來的道路不僅多且亂，而且還在不斷變化，自己會分岔和合併。別說未來十年了，未來五年你都不知道這世界會變成什麼樣。

以前站在傳統職場鄙視鏈上層的人，總是看不起電商、微商、直銷，因為技術門檻太低；但在未來，很有可能有些行業的鄙視鏈會反轉。就像以前東部華爾街菁英看不起矽谷的技術人員，如今三十年河東，三十年河西。當商業環境、商業模式都在發生變革時，不能用老眼光看待新世界。

有人問我說未來有什麼規畫？我一般都是先承認自己的無知，這個問題，我真答不上來。我都不清楚未來的基礎在哪裡，香港、深圳、上海？並沒有詳細的戰略計畫，但有大概的方向。現在最害怕的，不是敗給不努力，而是敗給趨勢。對我來說，如何升級自己的認知水準確實比賺錢要重要得多，或者世俗些說，老覺得現在賺的都不是什麼大錢。

認知水準代表著你在什麼層面看未來和當下。有些機會和紅利出現時，由於認知水準有限，甚至紅利的風呼呼的往你身上吹，你不僅沒飛起來，還覺著風大躲進洞裡了。等過了兩年才明白，太晚了。

我依然相信——現在所看到的世界，還是表面；現在所相信的理念，一定會變。不要扼殺你職業生涯的另一種可能。很多人不成功的原因就是太尊重自己了、太相信自己的原有判斷、太想捍衛自己的觀念、太把自己當回事了。既落江湖內，便是薄命人。不要太愛惜自己的羽毛。既然**未來不可測，把握當下就尤為重要**。

這個時代，我是越來越不相信「後起之秀」這個說法，後知後覺是職場的一大遺憾。世俗點說，這就是一個「成名要趁早」的年代。早些年開淘寶能賺錢，現在你試試能不能再賣出兩個雙冠；前幾年做公眾號有紅利，現在已經是一千三百多萬公眾號的紅海了；前幾年做App的賺錢了，現在再做，多半是個燒錢的坑。在每個垂直領域，都要先下手為強。

我相信未來會從地上冒出更多的機遇，但是每個機遇的紅利週期會被縮短。

機會只青睞己精進自己的人

有人問，未來是不是機會主義者的天下？首先，機會主義者，在我看來就是個褒義詞啊！面對不確定的未來，能踩對時機、抓住機會的，這眼光得有多犀利、市場嗅覺得多敏銳。這個時代，稱你為機會主義者時，絕對是溢美之詞啊。

因為現在知識和資訊就像商品一樣，價格越來越透明，訊息不對稱的越來越少，「唬弄」不出皇帝的新衣。別以為訂製深色西裝外套、免燙襯衫、反褶袖、義大利手工皮鞋，包裝得高大上人家就看不出你是在拉皮條。以前創業講商業模式、講估值，特別能畫大餅，特別能自圓其說，但現在投資人並不傻。

真正的機會主義者，除了眼光和判斷外，更要肚子裡有乾貨。目前已經有一個現象，而且未來會更加明顯的趨勢就是，除了第一批把握趨勢率先進場的人賺到紅利外，自身有優質內容輸出，或者擁有核心競爭力的人，不管是知識還是技藝，將會得到成倍的關注、流量、平臺、收入，甚至會產生虹吸效應。

這就好比房子，北京、上海、深圳的房子因為享有超優質地段，價格會持續走高，而且會和二、三線的房價差距越拉越大。未來人才也是一樣，大量的資源和資本會向一小撮真正優質的人傾斜，會把他們的價值放大N倍，而資質平平的人可能被邊緣化和平庸化。

這不是一個按勞分配的時代，還在遵循著80／20法則[13]。光優秀還不夠，你得卓越。大家都說現在是內容創業的風口，但是問題是，我有好資本，你有好內容嗎？沒有價值，談什麼價值變現。對於未來的態度只能是——永遠戰戰兢兢、永遠如履薄冰、永遠精進自己，並靜靜的等風來。

13 或稱帕列托法則（Pareto Principle），即在我們所做的全部努力之中，有八〇％的付出只能帶來二〇％的結果。

⑫ 成長很累，但不成長會惆悵——更累

焦慮是這個時代的普遍情緒，焦慮點，保持警覺，不是什麼壞事。只要別焦慮到內分泌失調、新陳代謝紊亂就行。

朋友跟我說，看你的朋友圈，覺得你活得太勵志了，你是不是每天都過得很辛苦啊……最後甩下一句：「雖然你的生活很精彩，但我還是不想讓我的生活像你一樣，都沒有生活樂趣了。」

我說：「我其實沒覺得很辛苦。」然後他們就搖搖頭：「太矯情了，你是想說你不辛苦還賺了這麼多錢是嗎，就像當年讀書時說自己沒怎麼複習卻考了滿分一樣，你這是謙虛的驕傲啊。」我哭笑不得。我香港的祕書更絕，經常在交代完事情要掛電話前，用嚴肅的口吻，語重心長的提醒我：「老闆，你要注意身體啊，千萬別倒下了，你可要活得久一些啊……」最後還不忘加一句：「錢是賺不完的，還是要享受生活」。說實話，每次聽到這樣的話我都是有些困惑的——我覺得我的生活挺好的，也沒有你們想像中那麼拚，我經常忙裡偷閒啊。

前幾天在成都，雖然連續三天都有一場講座分享，但白天成都的客戶請我在寬窄巷子[14]吃了火鍋，在蒼蠅館子[15]吃了最正宗的川菜，下午在太古里[16]美好的陽光下喝著茶，寫寫文章，我覺得我的生活挺愜意的啊。

有時候回老家，和朋友一起吃飯喝茶，他們經常惆悵的跟我說：「看你朋友圈天天飛來飛去的，其實我們也挺羡慕的，因為你在更大的舞臺，為自己的夢想奮鬥著。我們在這三、四線小城，每天穩定的上著班，雖然也有熱血，但沒有平臺，沒處使力呀。你是身體累，但心不累；而我們身體不累，但心累。」

這個話題挺沉重的，但我能理解這種感覺，當年的自己，就是因為在家鄉活得心太累，才跑來一線城市，一窮二白開始打拚的。雖然前幾年什麼都沒有，但心裡是滿足的，知道每一天的生活都是按照自己想要的方式在過，未來雖然不確定，但清楚自己的方向。其實大多數年輕人都不怕辛苦，也希望能闖出一片未來。在變強的道路上成長很累，但若安於現狀、沉溺享樂和安逸，你會發現要不了多久你會過得更累，不僅身體累，心也累。

14 成都市的一個集中展示老成都文化的旅遊勝地。
15 指那些價格低廉鋪面窄小的飯館，形容它們的小和廉價。
16 成都的一處購物商場。

隨著現在自己見識的增多，漸漸發現，那些天天在朋友圈裡吐槽自己忙死了、被榨乾了的人，多半是方法不對，還有時間發朋友圈宣告忙碌的狀態，就像要讓全世界都知道自己的低調一樣，一個性質。

忙碌是沒有價值的，最重要的是做好兩點，一是時間管理，二是團隊協作。

我見過真正忙碌的人，他們把每天的時間都精確到小時，然後有條不紊的把一件件事情處理好，猶如一天二十四小時的庖丁解牛。

我們覺得對方很忙碌，是因為同樣的事情，我們以為對方的處理效率和自己一樣，所以認為對方怎麼可能在這麼短時間處理這麼多事呢，肯定天天忙得焦頭爛額、沒有生活吧。其實，做好事情的優先排序和時間的精確管理，合理規畫任務，就可以把待辦事項清單的事一件件劃掉。很多人凡事都喜歡親力親為，用所謂的忙碌努力來自我感動、自嗨。其實這種思路在互聯網協作的現在，是錯誤且愚蠢的。

適度焦慮，才是當下的健康心態

朋友關心說，看你每天的時間都很緊湊，文字裡也透露出很焦慮的感覺。其實，我的觀點是，在當下社會和現今的職場，適度焦慮或許才是健康的狀態，不焦慮才有問題。

心思敏銳的人，會發現這幾年經濟轉型和互聯網技術像兩把大勺，不斷攪動著創新機遇的春水，讓這片神奇的土地，不斷湧現出新的機會，階層流動、圈子迭代。我們也許看不清未來，但是都知道它的潛力和能量。這個時代就像一列快車，駛向不確定的美好未來。問題是，有些人太鈍感，沒有意識到這趟列車的存在；有些人意識到了但腳步太慢，執行力太差，追不上這趟車，因為車不會停下來等你。

在這不確定的時代，滿地都是投資機會，滿街都是賺錢的機遇。只要是敏感的人，警覺度高的人，或多或少都會焦慮吧，擔心腳步一慢，就錯過下個風口。其實，在我看來，焦慮屬於精神的飢餓感。大家都知道保持適度的飢餓不是壞事，尤其是晚餐時，有助於大腦清醒、身體健康、身材精瘦。而適度焦慮，也有助於思維的敏感，更早些知道未來哪些機遇要抓住，哪些坑要避免。

既然焦慮是這個時代的普遍情緒，焦慮點，保持警覺，不是什麼壞事，我不認為是不健康的表現。只要別焦慮到內分泌失調、新陳代謝紊亂就行。在當下成長的道路上，我們焦慮的努力，是可以改良的。給拚搏和學習的過程加一些有趣的調味料，努力的間隙一樣可以放鬆遊戲。

第三章

死薪水走不向財務自由，請這般循序漸進

01 薪水是職場最大的陷阱

如果一個公司只給你薪水，而不提供你資源，你要有危機感，當心在公司的地位了。

一個建築工人頂著烈日，蓋完這座城市漂亮的玻璃大樓，拿了工錢，下個月開始建另一座。但建築工人的薪水不會隨著樓越蓋越多而上漲，反而有可能因為年齡增長而減薪。疊起來的是樓房，低下去的是身價——這是建築工人的可嘆之處。餐廳端盤子的服務員，每天很辛苦的工作，餐廳可能因為她服務態度認真，有好的口碑和生意。但她的薪水不太會因為端的盤子越多就越高，或者換一家餐廳就會薪水翻倍。端出來的是飯菜，端進去的是青春——這是服務員的無奈。

沒有任何嘲笑和貶損的意思，我們尊重任何行業。但現實就是這樣，只因為他們是這個社會中相對弱勢的那個群體。而我們這些出入辦公大樓的打工白領，看起來似乎體面許多，當你覺得公司給你最大的獎勵就是下個月幫你調漲薪水，年底多發些獎金，那你和他們其實沒什麼本質上的區別。不都是做著拿青春換錢的交易嗎？

永遠不要拿青春去和錢交易

許多補習班的名師，在補習班做了幾年後都會另起爐灶自己辦機構、開學校。是補習班給的薪水不夠高，還是說他們不知道自己出來創業的風險？他們肯定不傻，但是他們憑什麼有自信放棄年薪百萬的工作，自己出來打拚？這是因為在補習班教書的那幾年中，老師建立了自己的品牌價值，是教了幾萬個學生後，所帶來的學生資源。也就是說，補習班帶給這些老師的個人品牌和資源，遠遠比他們所拿的薪水要重要得多。換句話說，假設你離開一家公司，如果只是拿走了你用時間換來的薪水，那說明你混得很失敗。**一個公司可能給你的資源，遠比發給你薪水重要得多。**

我們在招募員工時，一般會問，你最想從我們這收穫什麼？如果他回答，希望能有更高的薪水，我們認為這根本不叫有野心，只能說明格局小，居然最想得到的僅僅是薪水而已，說明沒見過世面。

但是如果他說希望將來能負責我們的核心業務，或者擔任核心位置，我們是會好好考慮，認真研究一下的，這小夥伴胃口很大，很有野心嘛。換句話說，我們可以輕鬆的開出一個很高的薪水，一定是為了慎重挑選坐擁核心位置和資源的人。

這個資源可以是**平臺**，比如你在排名前幾大企業被虐了兩年後，跳槽出來身價就漲了，因為有企業的平臺給你背書。

這個資源可以是**人脈**，因為公司或老闆，你進入了之前根本不可能接觸的圈子。人脈對你未來的重要性，我不需要多說了吧。

這個資源可以是**眼界**，你參與甚至操盤一些大的專案。你經常有一種食物鏈頂端的感覺，或者用上帝視角來看待事情。你的氣質會更穩，認知格局會變得很大。你會展現出有種見過世面的樣子，你就會走上職場食物鏈的上游，逐漸擺脫弱勢群體。

生活一定不會虧待認真努力的自己？錯了，生活只會不虧待**聰明**努力的自己。

最貴的是資源，最便宜的是錢

我經常對我們團隊的員工說，如果你不是半年前來我這工作，而是現在才來面試的話，你肯定第一輪面試就被淘汰了。但是這半年你擁有我這邊很多對接的資源，和只有你更熟悉的經驗，雖然你工作能力上還有很大提升空間，但是要炒掉你的成本太高了，所以你很幸運。

如果一個公司只給你薪水，而不提供你資源，你要有危機感，當心在公司的地位了。

因為用錢就能解決的事情、用錢就能解決的人，都是廉價的。我們再往深一層講，公司給你的薪水，只能讓你現在過得體面，但是控制權不在你手裡。而且薪水是死的，你不可能用來撬動更大的可能。公司給你的資源才真正能成就你的職場未來。

那麼問題來了，你憑什麼拿到公司核心的資源？更直白點說，你拿什麼和公司談條件？有能力沒錯，但更多的，是你的職場稀缺性，是你的職場品牌，你的話語權。

經紀公司在簽藝人時，如果對方沒有任何名氣，就會簽比較苛刻的長約，比如捆綁十年，各種利益公司拿最多，因為對方沒有話語權；但是如果想簽有名氣的大牌，那公司就是孫子，對方是爺，大部分利益都給對方，都是他們說了算。

公司和個人，就是一場雙方利益的博奕，拚的就是江湖地位。

職場人，你的江湖地位從哪兒來

從公司吸收平臺和資源，壯大自己的勢能，沒錯，但是有沒有一種高級的玩法，不是借助資源，而是自己創造資源？有的，就是打造自己的個人品牌。**互聯網時代，你能連接多少人，決定了你值多少錢。**

這個時代，你不僅需要組織或公司給你賦能（Enabling），你更需要自己給自己賦能。我經常有些驕傲且厚顏無恥的說，我們現在做的項目，不管我們是甲方或乙方，我們都拿出甲方的姿態。因為我們這幾年一直在用心做品牌，而品牌是最有話語權的。

很多人對於我在香港研究所畢業兩年後，就可以擁有這麼迅速的蛻變和成長，感到不可思議，其實我也有這種感覺。古典有一次講過，如果給你兩個選擇，一個是給你公司總監的職位，年薪百萬，另一個是你擁有屬於自己的一百萬訂閱用戶，你會選擇要哪一個？

一定是選擇後者，因為後者的商業和品牌價值，大於前者至少一百倍。以我的個人經驗來說，**寫作是建立職場品牌最具實作性，也是最好的方式之一**。讓你告別低等的勤奮陷阱，讓你工作時間越久越值錢，讓你成為職場的甲方，不再委屈和焦慮。

02 你的固定薪水正在拖垮你

在挑選一份工作和規畫自己職場的路徑時，應該多想想如何讓自己變得不可替代、變得稀缺、變得有話語權。

在北京，和國有銀行的朋友吃飯。他和我年齡差不多，畢業後一直在銀行，規規矩矩，也算是做到了中層，年薪稅後三十萬元，買了四環的小房子，謹慎的花錢過日子。

他說他很焦慮。北京機會很多，好多朋友開了公司，前幾年邀請他入股一起做，但是他覺得好不容易有這麼一份穩定的收入，不敢放棄。他看過當年覺得不如他的人現在賺了好多錢，但也看到那些所謂的菁英，一直痛苦的掙扎在融資的路上。

他覺得雖然身在北京這座有最活躍的創意、最多的資本、最密集人才的城市，但自己好像是這座城市的局外人、旁觀者。這座城市的熱鬧，和自己沒什麼關係。而他這份薪水，越來越覺得雞肋，吃不飽也餓不死，就像每天的生活一樣沒勁。

看似奇怪，但細想又合情合理。薪水收入，這個大多數人的傳統收入模式，在這一輪互聯網經濟的浪潮中，正在變得越來越尷尬。

以前要穩定，現在要可能性

傳統的薪水模式，已經越來越不適合當今的新商業，尤其是互聯網商業。**薪水的增長模式是線性的，而互聯網商業的增長模式是呈指數的**。薪水收入模式的前提是，一個人是相對靜態和穩定的，薪水收入的增長是與這個人專業度和豐富經驗成正比的，是隨著時間呈線性增長的關係。所以薪水存在合理性的一般前提是，這個公司有穩定的架構。

開一家公司，很少會做公司的十年規畫，做個三年規畫就不錯了。一方面是因為現代商業狀態下，公司的壽命越來越短（我先聲明，這不一定是壞事），另一方面則是一家公司的迭代速度非常快。

互聯網最大的作用，在於產生了人與人更低成本的連接、更高效率的溝通、更高頻率的合作交易。一句話總結，就是增大個體的連接力、影響力和未來不可預測的想像空間，是有可能呈現爆炸式指數增長的。

所以傳統的薪水模式其實並不太適合互聯網商業，因為太慢了，太沒有想像力了，股權模式其實更適合。又因為如今已經進入了一個資本回報率增速高於勞動回報率增速的時代。特別是一線城市，你會發現，如果你僅僅靠薪水收入，一般都是買不起房子的。因為薪水的漲幅一般跟不上房價漲幅。

我身邊好多人都有三十歲危機，工作了五、六年，收入好像增長了，但是和房價、物價、自己不斷增長的物質精神消費欲望比起來，反而覺得更不滿足了。而幸福的人，更多是前幾年擁抱了資產泡沫的人。因為從M2的指數來看，資產的增長一般都會超過薪水的增長幅度。

不像美國，這十年的物價指數基本沒怎麼漲，房價也沒有升太多，十年前的十萬美元（約新臺幣三百零七萬七千五百元）年薪，和現在的十萬美元年薪，日子過得差不多。所以，線性增長的薪水，其實開低了你在這個時代可能擁有的更好價錢。

只靠薪水很難財務自由

在有些行業，薪水收入不僅是雞肋，甚至可能是陷阱。因為高收入有兩個特點，第一是高風險，第二是稀缺性。

薪水收入所對應的應該是低風險，因為薪水意味著旱澇保收。但現實是，現在這個時代一個人因為不敢冒險，職場風險指數反而越來越高。因為當身邊都是翻起的海浪，對於一艘平靜的船，說這艘船穩定，就是個笑話；你能做的，就是不斷調整船的姿勢，和海浪同頻共振，即所謂動態平衡。

如果一個人領的是薪水，但是所處的行業讓你越來越動盪，變得更容易被替代，那麼這個薪水收入，不僅不是保障，而是職場陷阱了。舉個例子，我有個好朋友，住在四線城市，年齡和我差不多，是政府機關主管的祕書，絕對是當地有頭有臉的人物，有不錯的仕途，但他說他很焦慮。

他說他和上海這種一線城市的朋友聊天時，雖然大家都很羨慕他現在貌似人生贏家的日子，但是他說：「我有時候會聽不太懂他們講的一些互聯網的東西，我覺得自己的知識結構很閉塞，感覺自己落後這個時代了，有種出局的感覺。」

這種感覺不想就會麻木，想起就會覺得恐怖。因為公務員這種看似穩定的飯碗，好像這幾年也開始變得越來越不穩定了，而且體制內的很多制約，導致他很難開發自己另一種人生的可能。他說我每次回家，就特別想和我聊天，覺得我能夠帶給他外面世界的樣子。所以，互聯網帶給我們這一代人前所未有的機遇，和前所未有的挑戰。

我們都有出人頭地的機會，也有一不留神被淘汰的可能。人工智慧都開始淘汰華爾街的交易員了，未來有哪個人是安全的呢？這帶給我們的啟示是，我們在挑選一份工作和規畫自己職場的路徑時，薪水考量的比例，或許越來越不重要。或許我們應該多想想**如何讓自己變得不可替代**、**變得稀缺**、**變得有話語權**。或許我們應該多想想，如何抓住週期越來越短的機遇，抓住一次人生的資產泡沫，哪怕只有一次，完成原始財富的累積。

就像還在體制內的人，要隨時保持離開體制的能力；就像還在領薪水的人，要時刻警惕，你的價值，可能一直被薪水低估了。中產階級確實在崛起，中產階級也同樣焦慮，至少，你不能跟著船一起沉。

我在北京有兩個商業合作夥伴，一個去年從交通部大院裡出來，做自媒體人了，做得還不錯，一年幾百萬收入；另一個夥伴兩個月前也從體制內出來，跟著一個厲害的互聯網人做專案，收入還不穩定，但至少比以前開心。當個人和組織的關係變得不再高度依附，或一個人就可以活成一家公司，並且完成和世界的最短連接；而薪水，作為個人和組織中間的交易載體，在這個互聯網時代，顯得越來越不合時宜，因為——僱傭制會退出舞臺，合夥制會成為主流。

03 害怕被壓榨，也許連被壓榨的資格都沒有

被壓榨最大的意義，不是讓你現在更賺錢，而是讓你迅速更值錢。

有一段時間我脾氣不太好，經常在辦公室罵人。導致我在辦公室打電話時，助理聽到音量上來了，就立刻走上來默默把門關了。

一方面是今年事情多了，手上可做的事越來越多，時間有限成為最大的瓶頸。另一方面，發現一些員工的成長速度沒有跟上公司的發展速度，職場素質開始落後於我們的要求。這是我的焦慮，也是他們的危機。

我手下幾個員工和助理，幾乎天天加班，週末也沒怎麼休息。朋友對我說，你壓榨自己也就罷了，你這麼壓榨員工，他們受得了嗎？

我反駁說：「第一，每個人對壓榨的定義不同，你所認為的壓榨，在我看來還算不上，就好像看很多人的努力程度之低，根本輪不到拚天賦；第二，壓榨怎麼了，壓榨與被壓榨，就是最正常的職場生態啊。」

沒被壓榨過，永遠只能是職場新人

職場新人都需要一段被壓榨的歲月，因為職場的第一筆色彩，往往會奠定未來的樣子。我經常對團隊的人說：「這裡沒有一天八小時演算法，在這裡工作，上班和下班是沒有區別的，工作日和週末是沒有分別的。」

曾在網路上看到一篇流傳的文章，說什麼一個優秀的員工是不需要加班的，加班說明工作效率太低了，沒有做好時間管理。很多人覺得很有道理，認為應該準時下班，應該有週休的，應該不加班的。這種雞湯文你也信？如果你在公司不需要加班的話，要麼就是這間公司業績不好，沒什麼前途了，不然就是你能力不行，沒什麼價值了。

4A廣告公司，熬夜趕專案都是家常便飯；我身邊一些做諮詢顧問的人，忙得幾乎分不清日夜。但是，他們就是菁英，就是市場上大家爭搶的人才。等你做了中層、等你有了家庭、小孩，再和我談一天工作八小時的資格。

如果你沒有結婚生小孩，自己選擇留在一線城市工作，又不是富二代，既然是你選的，就要承受這些。要不然你回老家考個公務員好了呀。再說我身邊家鄉體制內的，有些人工作強度一點都不低好嗎，而且人家的薪水拿的還沒你多，你有什麼資格在大城市混還不努力。

你去體驗一下香港中環晚上十一、二點的地鐵，全是剛剛從國際金融中心、長江中心、滙豐大樓裡下班的人——你們所欣賞的城市辦公大樓繁華夜景，都是他們加班堆砌出來的。而且他們的薪水都比你高幾十倍、上百倍，他們下班晚，難道是他們的工作效率比你低？

你是否幻想過說希望在中環上班？因為那裡有最光鮮亮麗的投資銀行和諮詢顧問公司，然後說沒關係，壓榨我吧，我願意。對不起，你願意，人家公司還不願意呢。你現在的能力，**連被壓榨的資格都沒有**。

別比較西方的那一套員工福利，也別搬出勞基法，那會害了你的未來。

很多人都熟悉一句話：資本家的本質，是壓榨工人的剩餘價值。說真的，你拿著這句話去問一百個員工：「你的老闆是不是愛壓榨部屬」，九十九個員工都會堅定的回答：「是」。相反的，拿這句話去問一百個老闆：「你覺得你對員工壓榨嚴重嗎」，想都不用想，至少過半的老闆會說：「當然不嚴重」。在資本家眼中，過度索取才是常態啊。

當我領著一個月幾千元時，心裡也會抱怨活多錢少；但當我現在發薪水給別人時，我也開始衡量著，如何將自己的成本降到最低。是的，我們不需要宣揚自己多麼高尚，「價值的充分利用」才是職場本質。

的確，我們有必要承認，老闆壓榨部屬存在明顯的不合理；但我們更要承認，這個社會一直在壓榨與被壓榨中前進。畢竟，**熬過被壓榨的時光，呼吸到上層的空氣，你才不會被替代，你才開始有話語權，你之前所有的委屈，才會換成更多的尊重補給你**。

你該接受的壓榨是……

我在香港新招了一個助理，她在我這兒辦公，她的閨密兼室友在另一家公司，都是研究所剛畢業。兩個人目前薪水差不多，都是畢業生的基礎薪水，但是她室友工作相對輕鬆。而她因為跟著我做事，工作量大很多，沒有假期、沒有休息，而且還經常被我罵，說她很多東西思考太淺。晚上經常和我在辦公室加班到十一點，餓了在灣仔大樓下的馬路邊吃個路邊攤小吃。她前兩天去參加朋友的婚禮，試伴娘服，都是隨身帶著筆記型電腦。

有天晚上十一點從中環廣場的辦公室下班，路邊等車，我問她這樣的工作是不是很辛苦，她點點頭說是蠻累的，很難想像我每天都是這樣的狀態。我哈哈笑著說，我們可以打個賭，這種強度只要妳能扛下來，用不了一年，妳和妳室友的職場素養就會完全不一樣。妳會在這個城市活下來，而且會越來越好，很多公司會想要妳。而妳室友，就不好說了。

其實對於年輕人，工作舒服是個很危險的訊號。因為你在最好的年紀，最一無所有、沒牽掛的年紀，過早降低了你成長的速度。而且更可怕的是，速度一旦降下來後，你會以為這就是職場該有的速度，會習慣這個速度，再也提升不了了。然後你會越來越沒有競爭力、越來越沒自信，最後越來越不敢突破和嘗試，惡性循環，這一生也就這樣子廢掉了。

我們在面試徵人時，只要和面試者聊個兩、三分鐘，問幾個問題，基本上就能判斷這個人的職場素養怎麼樣、能不能用。面試者和你對話時候的思維方式、說話邏輯、職場形象、透露出來的精神和氣質，都在迅速暴露這個人的職場素養，像我們這種老油條，一般都不會判斷錯。

太多所謂職場人對工作的投入程度，簡直差到令人髮指。除了精緻的衣服和妝容，工作上的粗糙簡直堪比老樹。一個實習生想來我公司工作，我和她說，在我們這裡工作，沒有全心投入的狀態，不能承受被壓榨的，很難留下來，希望妳做好心理準備。

有一次她給我一份競品研究的報告，五頁簡報內容淺顯。我說妳做的是垃圾，然後告訴她，我想要看到的是什麼。她回去趕了一個通宵，第三天重新給我時，就完全不一樣了。我說妳現在再看之前做的那些東西，是不是垃圾？她說是的。**被壓榨最大的意義，不是讓你現在更賺錢，而是讓你迅速更值錢**。

我在騰訊有一個非常要好的朋友，她之前在北京，後來到深圳負責整個騰訊的某塊業務。她跟我說，晚上十點鐘離開辦公室，都算提前了，覺得有點不好意思，整個辦公室還燈火通明著。那天她興奮的說，她想要多了解深圳這座城市，所以她和同事準備週末加班時，一週換一個咖啡館加班，想想就好玩。

真的？好玩？我說，妳們真是被奴役得麻木了，這樣很好。但是她是真的厲害，她的思維、洞見，經常給我很多啟發。她做事情的風格，也讓我驚嘆於她的效率。我都恨不得請她當合夥人，但是我還不夠資格。因為有很多創業公司願意給她股權，甚至有很多投資人願意拿高出幾倍的薪水挖她。

職場適度的自虐，是有快感的。假如生活欺騙了你，如果你不能反抗，就享受吧。

在職場，收起你的玻璃心

很多職場菜鳥，工作量一多，情緒就上來。內心失控了，就約了朋友，一邊涮火鍋吃得開心，一邊吐槽公司和老闆。最後吃了四個小時，獲得一個晚上身體和精神的雙重滿足。但這又有什麼意義！

職場玻璃心是我最不能容忍的。我對部屬說，我責備你們是要花我的時間的，就不要再浪費我的時間照顧你們的情緒了好嗎。不管你是抱怨也好、委屈也好、難過也好，都請自己回家消化好，然後明天繼續好好來上班。

你以為老闆罵你會對你印象不好，心裡一直惦記著？錯了，老闆根本沒有時間思考對你的看法，他罵你只希望你能快點成長，來分擔他的壓力、解放他的時間。如果他對你有看法，根本不會花時間費口舌，而是在下一個季度時，直接裁掉你就行了。

如果你覺得你的老闆對你很好，什麼事情都遷就你、哄著你，估計是他別有企圖。

在職場上，能不能少點情緒、多點行動。我不是一味給所謂壓榨的工作方式唱讚歌，如果是**重複勞動，沒有意義的壓榨，就是浪費時間，請果斷放棄**。但是，如果這份壓榨的工作，讓你眼界不斷開闊、競爭力不斷增值、不斷覺得過去的自己是多麼菜鳥和愚蠢，那就應該感謝這份工作。

不是老闆太壞，而是你太弱；不是我們太激進，而是你動作太慢。你害怕自己不成長，其實老闆更怕你不成長，因為這意味他付出的金錢和更多的寶貴時間，都在你身上打了水漂，投資失敗。我相信，當你被壓榨出來的職場素質，讓你在事業上一路前進，在城市買房、買車，過體面日子時，你一定會回過頭來感謝當年被壓榨的日子。

你內心會說，要不是當年那些歲月，現在的你，也許還在這個城市租房。更糟糕的是，還看不到未來的模樣，但留給你的時間視窗，卻正在慢慢關閉。**年輕時候偷過的懶，都會在未來的歲月裡加倍還**。

04 成為老闆會用錢善待的人

職場上，最重要的原則就是等價交換。選擇一起共事本就是一件你情我願的事，大家都認可對方的價值，才能彼此扶持相伴走得更久。

最近一段時間，見證了好幾場團隊內部的紛爭。老闆和部屬撕破臉，互相不信任，互相惡意中傷，彼此都還有些名氣和江湖地位，在網路上互罵，讓吃瓜群眾[1]看得津津有味，好不熱鬧。因為都是朋友，老闆一臉苦惱的跟我吐槽，部屬也一身怨氣的向我抱怨。同樣的事情，兩套截然不同的說法。

作為職場半個老油條，我是想得挺明白，有人的地方就有江湖。職場從來都不是慈善機構，尤其像我們這種天天和錢打交道的行業。大家對於利益的嗅覺是很敏銳的，老闆有老闆的布局，部屬有部屬的算盤，每個人都會最大化的保護自己的利益。所以只能在職場

1 不明真相的群眾，指對事情不了解，對討論、發言以及各種意見持圍觀的態度。

的遊戲規則下，不斷去觸碰對方的邊界和底線，並試圖保持動態的平衡。

有領導經驗的人，一定會同意我這個說法：「和帶團隊比起來，自己做業務簡直是太簡單的事。」倒不是說業務好做，而是說帶團隊太難。有很多團隊失敗，不是因為個人能力不行，也不是因為商業模式不行，而是死在了團隊內部合夥人關係上，上下級關係崩塌，打輸了原本一手的好牌。

很多人是出色的業務員，或者是所謂的金牌銷售員，但是讓他去帶團隊就廢了。因為做業務是自己的能力可以控制的，但是帶團隊就不一樣了。面對一個個不同個性、不同背景、不同成長經驗、不同思維方式的獨立個體，領導者需要找到適合的方式和每個人相處。

對部屬好為什麼反而被看輕？

有些領導者屬於媽媽型或保母型，整天發自內心關心部屬，做部屬的好閨密或好哥們，經常晚上聚餐、週末爬山，動不動就團隊建設、灌心靈的雞湯，恨不得連部屬的大姨媽來了心情好不好也要過問。

這種領導者挺好的，會讓團隊非常有歸屬感，籠罩在大城市下孤獨的人，這種感覺很療癒。但是，現實是如果你本身不夠優秀，得不到部屬的認可，甚至讓部屬覺得你還不如他，那麼再好的療癒也顯得尷尬、彆扭、苦澀，而不是甜蜜了。甚至你越關心，越會被部屬看輕。

所以，一個穩定的上下級關係的前提是，老闆首先要厲害。不管你是真厲害還是假厲害，至少要讓部屬認為，他的老闆是很牛的。這是信任的基礎、穩定的基石，甚至可以讓部屬包容老闆其他有爭議的性格特點——獨裁變成果敢、冷血被誇理性。若沒有這個基石，那麼一切都會反過來，你懂的。

做領導者最重要的是「跟著你有前途」

很多領導者明明處在將軍的位置，卻做著士兵的事。自己做業務很棒，也天天忙碌於團隊的事，任勞任怨，部屬看著也說領導者確實不容易，但是你厲害和部屬有什麼關係呢？你在喝奶，部屬卻在吃草，你就不是一個好領導。

作為一名合格的領導，一定要讓跟著你的部屬賺到錢。現實社會畢竟還是物質優先，錢雖然不是萬能的，但錢能幫助我們實現想要的。大部分人出來工作的目的，都是為了在解決溫飽後得到更多的物質財富，獲得更高的生活品質。所以作為領導者，就有必要幫助部屬實現這一目標。

自己厲害是一回事，帶動所有人一起厲害又是另外一回事。因為既然大家願意挽起袖子跟著你做一份事業，想要的就是一支實實在在能填飽肚子的大雞腿，而不是一碗無用的雞湯。

很多職場新人都帶著熱情和真誠，希望奮鬥出一個美好的未來。但是，現實好像黑暗的隧道，他們會迷茫、沮喪，在摸索但看不到光。作為領導者，自己發光是不夠的，要成為他們的光。比如現在我團隊的人，除了定期的教育訓練、講座、沙龍，我還會陪他們見客戶、見合作方，帶著他們快速累積經驗、快速成長，幫助他們進行快速的職場素質和收入提升；我會透過相處和溝通，了解他們的優勢和不足，透過我的經驗和思考，給他們個性化的指導和建議，幫他們最大化發揮優勢；我會了解每個人的目標和願景，然後用我的資源和能力共用，去成就他們。

所以，**給溫暖、給希望，都不如實實在在的讓部屬賺到錢**。在能力所及的範圍內，讓部屬過更好的生活，讓他們不會因為這個城市過高的房價而絕望，擺脫間歇性想著要不要離開的恐懼，部屬才會更加敬佩和感謝你，也才會對你、對團隊更加忠誠。

選擇老闆時最重要的是「離不開你」

和朋友聊天時，她說團隊有個新人向她要公司股份和股權激勵。她對那個部屬說：「股份可以有，對於厲害的人，我們從來不吝嗇給股份。我們就來簽一個對賭協議吧，三個月內你若是能做到三百萬美元（約新臺幣九千兩百二十八萬元）的業績，我們就拿這個股份給你，甚至更多。因為你值得，你敢不敢賭？」

從老闆的角度來說，我們願意用更多的錢招最好的人，前提是──你確實是那個最好的人。我覺得自己不是一個好老闆，我工作夠拚，也有自己的一套想法，但我神經大條、健忘，而且不懂怎麼關心部屬，雖然自己也在努力改正。不過讓我驕傲的是，我有兩個優秀的助理。

我的兩個祕書，一個是香港保險團隊的祕書，另一個是公眾號營運的祕書。香港的祕書做事踏實、為人善良，除了幫助我做很多團隊和客戶的事情外，還把我的時間從瑣碎中解放出來，讓我可以專心於戰略的思考。她時常從我的角度出發，告訴我應該怎麼做，是我的心腹。

另一個公眾號營運的祕書，職場素養很好，我公眾號的很多業務，線下活動對接，各種合約的撰寫和海報的製作……都是她在處理。她經常跟我說的一句話是：「好了，這件事情你不用管了，我來處理。」一開始我還是要管的，而且經常批評她的處理方式不對。但後來，我就真的不用管了。

像這樣的部屬，不僅能幫你節省寶貴時間，而且還經常能夠帶給你額外的驚喜。作為老闆，一定是希望這樣的部屬能一直在身邊，交給對方更大的平臺，提供更多的資源。

職場上，最重要的原則就是等價交換。選擇一起共事本就是一件你情我願的事，大家都認可對方的價值，才能彼此扶持相伴走得更久。所以，作為老闆，讓自己更厲害，更優秀一些吧。因為帶了團隊，成敗就不是你一個人的事了，你憑什麼得到部屬和團隊的信任，讓他們選擇把青春交付給你。而作為部屬，在向你的老闆提要求前，先客觀正確的掂量一下自己的價值，**確定你能給團隊和老闆創造什麼樣的價值，再來談回報**。相信我，當你足夠優秀，**成為老闆離不開的人時**，你會獲得超出你預期的回報。

05 有些品格和美德，沒錢無法實踐

用時間交換金錢、用才華換麵包，世俗世界裡，誰不是生意人呢？

剛追完一部美劇《財富之戰》（*Billions*），有個很有意思的橋段，男主角鮑比·阿克塞爾羅德（Bobby Axelrod）是一位做對沖基金的金融巨富，因為做空了九一一時的一些股票而被媒體曝光，大眾認為他在發國難財，很氣憤，每天在鮑比的公司門外喊口號表示抗議。那天下雨了，示威者的車子沒有來接，鮑比叫了幾輛豪華禮賓車，結果大眾紛紛坐上車回家了。這個橋段太有意思了、太諷刺了。所謂的口號、所謂的正義，其實，在大多數情況下是敵不過麵包的。這很正常，馬斯洛理論。

說實話，現在的我，對於夢想、情懷、初心有些反感了，更想聽聽資本的聲音、商業的邏輯、盈利的方式。第一，我認為夢想被過度包裝了，情懷被玩爛了，初心更多是一席華美的袍子而已；好像一談這些，就天然擁有了道德正確。第二，我覺得夢想、情懷、愛情等這些美好的詞彙，都是奢侈品。

前述這些奢侈品不是你想要就能得到，是你有能力才配擁有。而什麼是能力，就是讓

你的才華和努力，在世俗和功利的世界，完成商業變現。所以，在現今商業文明已較發達的社會裡，我們是不是真的該好好的談談錢？

一個朋友和我說，她就是想嫁有錢人。我說妳這麼坦誠真的好嗎？她說她喜歡的不是一個男人有錢，而是他有錢後的狀態。「壞女人愛男人的錢和權。好女人愛男人因為有錢和權產生的自信、寬容、精力充沛、樂觀進取。」我想了一下，腦海裡飄過《北京遇上西雅圖之不二情書》裡飾演富豪的王志文——衣品好，在澳門賭場裡小賭怡情，見好就收；關鍵時刻開五十萬支票幫湯唯還債。嗯，標準的高品質多金男。

有錢人的三個特質

這兩年自己的財富較前幾年有了一些較快的累積，心態和思想上確實會發生一些變化。但更重要的是，身邊多了一些所謂「高淨值」人士的圈子。發現有錢的人（土豪除外），大概有些共同的特點：

第一，有錢的人很在乎時間怎麼用。為什麼？因為他的時間變貴了，更值錢了。不是所有人請吃飯都屁顛屁顛[2]的跑去蹭；不能繼續容忍優酷、愛奇藝等線上影音視頻網站一開始的廣告時間，必須買個黃金會員；為什麼做諮詢顧問或投資銀行的出差，旅行箱必須帶上飛機？因為走托運太浪費時間；以前會因為一樣東西價格太貴而延後快樂，或不厭其煩的貨比三家，最終挑到性價比最好的而感到無比驕傲，現在知道當下這一刻的滿足，比多花一些錢更重要，只要能節省時間。

在花時間這件事上，開始變得挑剔、吝嗇，有要求、有標準；知道好的東西不一定貴，但是貴的東西，多半是好的。所以**能用錢解決的事情，就盡量不要花時間，把時間真正「浪費」在美好的事物上**。

第二，有錢的人更愛護身體。不是有句話說身體是「1」，其他的都是「0」。越是高收入人群，越會注重鍛鍊身體、各種保養和養生。身體是革命的本錢、是財富的基礎，隨著不斷刷新著銀行存款裡的數字，會越來越在乎身體這個「1」是否夠結實和穩固。因為越來越清楚，隨著後面的「0」越來越多，前面的「1」越重要。同時，身體體質構成了累積財富的一個巨大風險。高倍數醫療買了嗎？私人醫生配了嗎？定期體檢做了嗎？什

2 形容高興得和小孩子一樣。

麼，增胖會導致「三高」？必須請私人教練減肥，不能再吃垃圾食品了。

在美國有個明顯的現象，中等收入偏下的人，或者低收入人群肥胖的多，因為吃便宜的漢堡、喝可樂，也不怎麼運動。而中產階級或以上的人體態普遍較好，他們更注重飲食，鍛鍊更規律。結論是，一般情況下你的身材和你的收入是成反比的。所以，晒車、晒包、晒錶什麼的都弱爆了，男生的腹肌、女生的馬甲線，才是最大的晒優越。連身材都不好，炫什麼富，裝什麼高端人士？

第三，有錢的人看待事物的視野和格局，通常會更高一些。有錢人的思考會偏戰略層面，貧窮人的思考會走戰術層面。就如同有人問一個乞丐，如果很有錢會怎麼辦，他說要鍍一個金色的碗要飯。有一篇文章，談到為什麼富人越富，窮人越窮。窮人因為要解決溫飽，所以努力在當下的瑣碎中重複，並不能形成未來很大的價值增長空間。

有句話說：窮人更加勇敢和無所顧忌，因為已經沒有什麼可失去的。但這種是屬於極端個別現象，更多的情況是，很多人只擁有一份解決溫飽的薪水後，卻反而更加不敢突破或跳出固有的圈子去嘗試。這時候，薪水就變成了雞肋，「食之無味，棄之可惜」。這種境遇，叫做輸不起，甚至比「一無所有」更慘，因為沒辦法突破「錢」的層面，去思考更大的格局。

而富人因為不需要解決當下的生存，反而會更加注重未來長期的規畫和投資。在一些大的決策上，有錢會導致更加果敢。最後導致窮人和富人的差距越來越大。

舉個例子，我姊夫做設計的，聰明加勤奮，幾年打拚下來，終於可以正式擁有「百萬年薪」的頭銜。但是三個月前，說辭職就辭職了。和幾個合夥人在杭州正經八百的做有品質和品相的O2O[3]（Online To Offline 的縮寫，線上到線下）外賣業務。前兩天去他家，他興奮的和我講這是多麼有意思的事情、現在已經融了多少錢、每天派送多少盒外賣。嘴裡全是熱情，渾身都是熱血，眼裡寫著兩個字，叫夢想。

說實話，我認識他這麼多年，一直聽他在吐槽。而現在，完全換了個人，畫風變化太快。我問我姊：「姊夫天天這麼拚，賺了多少錢了呀？」她嘆口氣回：「哪有，看他比以前更忙了，但現在連錢的影子都沒見到呢。」我問我姊夫：「你也真是夠果敢的，百萬年薪說不要就不要了。你現在這事業能成倒還好，萬一沒成呢？」他回我：「那又怎麼樣，大不了我再回去做原來的工作呀。」最後他說：「做人嘛，最重要的就是豐富的體驗，做這個，有意思。」

3 又稱離線商務模式，指藉由行動互聯，將客流從線上引到線下實體通路，來推動銷售及提升品牌。

資本可以帶來更多的選擇權，更大的話語權，你不一定能得到想要的，但是你可以堅定的對不想要的說「NO」。再說《北京遇上西雅圖之不二情書》裡的那個被人包養的詩人，在給他的老女人披上外套的那一剎那，無論他詩寫得再好，氣質再怎麼憂鬱迷人，大家都不想要了。**沒有經濟能力的詩和遠方，還不如眼前的苟且**。

少一點套路，多一點真誠；少談些夢想，多聊些商業。從本質上講，我們**用時間在交換金錢、用才華換來麵包**，世俗世界裡，誰不是生意人呢？世俗點，挺好。

06 三十秒電梯理論，改變你的職場說話方式

高效率的表達能力，已經從一項簡單的技能，晉升為基礎能力，甚至是職場的核心技能。

其實發語音訊息，會暴露你的能力、性格，甚至EQ。朋友說，他現在對於接收微信語音已經感到反感了，不管是同事還是朋友，留言超過三十秒的，就要翻白眼，連續好幾條的，根本就不想點開。我說我也有這種感覺。身邊朋友中，一定有這麼一類人，和你聊微信時，不打字，直接用語音和你講。十秒鐘能說清楚的事，一定要發二、三十秒嗎？而且中間充斥著停頓、重複、緩衝詞以及各種慢條斯理。最後聽完了，還不一定講到重點。幾十秒還沒說明白，又發一條幾十秒的來解釋。我的時間有那麼不值錢嗎！還以為面對面聊天呢，耳朵聽著累不說，手都舉累了。

大家都有表達的欲望，卻極少人有表達的能力，尤其是高效率的表達能力。我認知到表達能力這項技能的嚴肅性，是因為之前發生在自己身上的一件尷尬事。前段時間在北京一家互聯網公司，負責音訊這塊業務的主持人說：「既然來北京了，幫我們錄一場吧。」

我說什麼主題呢？她說比如時間管理、寫作技巧、職場經驗什麼都行。還加了一句：「你寫了那麼多文章，挑個主題，隨便講個十分鐘就行，沒問題的。」

我真信了，我覺得應該不難吧，就錄吧。我挑了一個碎片化時間管理的主題，想了一個大概的結構，然後就開始對著嘴邊的麥克風：「大家好，我是……」結果一分鐘後，我就暈了，掉鏈子了。問題是：邏輯不清，一邊說話一邊想邏輯，這是最致命的。當說完這句話，下一句還不知道怎麼接時，就導致停頓和卡住。為了彌補這空白的尷尬，必然會把之前的話再表達一次，結果又導致重複。句子之間，甚至句子之內出現連接空白時，語氣詞和緩衝詞就拿出來搬救兵了，於是出現了「額……」、「然後……」、「嗯……」、「那麼……」，導致語言乏味，思維破碎。才發現原來我是個邏輯不清又廢話特別多的人，之前還一直盲目自信，覺得自己表達能力挺好的。

九九%的人輸在不會表達

耳邊響起一句名言——人類，都是高估了自己。高效率的表達能力，如今已經從一項簡單的技能，晉升為基礎能力，甚至是職場的核心技能。而有人表達，勢必要有另一方耐心聽。但可惜，這是一個沒有耐心的時代。因為我們身處在一個碎片化資訊時代，資訊嚴重超載，時間嚴重被肢解，耐心像一個無辜的小孩，被逼到時間的牆角，驚恐的看著這個腫脹的世界。我們發出的訊號，想要馬上得到回饋；文章超過兩千字，就不想往下滑手機螢幕，把作者都活生生的逼成了標題黨。總之，不能拖、不能等。

這個時代，考驗耐心，有時比試煉愛情更有風險。互聯網公司更沒有耐心，身後的資本在使勁揮著鞭子，腳下踩著A輪、B輪[4]，燒著錢，奔向最後的IPO（Initial Public Offering，首次公開募股）。以百米衝刺的速度跑馬拉松，一定要跑進垂直領域的行業前三，因為跌出前三，不管是第四還是最後，結局都是出局。於是風口一來，就恨不得馬上廝殺成一片紅海，紅利的週期越來越短。於是短視訊會取代長視訊、雞湯文的閱讀量遠勝乾貨分析文。

這是個用力過猛的時代，比恨、比慘、比吐槽，要一個鏡頭就抓住眼球、要一句文案就打動內心，就是要製造矛盾、創造衝突、各種謾罵，不要觀點正確的「老司機」[5]，而要

4 剛起步的小公司或者小團隊，如果資金不足想對外融資的話，融資的輪次順序。一般為天使投資、A輪（一輪）融資、B（二輪）融資、C（三輪）融資等。

5 指在某方面資歷較老、見識廣、經驗足的人。

觀點犀利見血的KOL。沒有耐心的時代，注意力是極度稀缺的資源。有人說這是資訊透明的好時代，有人說這是浮躁嘈雜的壞時代。但這個時代就這樣了，說什麼都沒用，唯有擁抱，小步快跑，謹慎前行。

諮詢顧問公司的三十秒電梯理論[6]是有道理的，面對客戶闡述方案解釋產品，或向上級彙報工作，一定要言簡意賅，說重點。當客戶對你失去了耐心，語氣敷衍、眼神游離，或老闆打斷你的話，要你直接說重點，那麼你要談的事，對不起，已經完蛋一半了。沒有表達能力的人，容易被貼上「做事沒有效率、思維不夠縝密」的標籤。

另外，我要提一個偏激的觀點——表達能力不行的，往往EQ也高不到哪去。因為，表達能力也是考驗一個人是否為他人著想的能力。經常碰到一些人一分享自己的故事就收不住，甚至熱淚盈眶，說著說著就把自己感動得稀里嘩啦。但是分享的內容卻是和聽眾沒有關係的，和主題是脫節的。結果你在上面自嗨、我在下面無感，場景尷尬而無奈。

經常說，反覆練，別讓口頭禪洩底

我們都關心自己有沒有暢所欲言，而沒有考慮對方是不是有必要聽。更直接點說，我們都太在乎自己的體驗，而忽視別人的感受。EQ高的人表達時句句扣點，見好就收。那麼問題來了，我們該如何訓練自己的表達能力？說實話，作為一個表達失敗者，我絕對沒資格給建議，但或許可以分享自己努力的方向。

記錄下自己的聲音，重複聽、找缺點。在深圳線下分享會時，我特別請視訊製作團隊多架一個機位，把我整個分享過程錄了下來，看看自己在現場到底是個什麼樣。幾天後他們把視訊傳給了我，結果，聽了十分鐘就聽不下去了。太囉唆、太冗長、太沒有節奏的愉悅感了。當時現場的讀者們，是怎麼忍下去的？我當時整整講了四十多分鐘，而且還覺得時間太趕，沒有盡興。再聽下去，我發現自己表達的問題，哪些口頭禪要避免、語句重複的原因是哪些。

反覆練習，訓練縝密思維。語言聚焦的能力表達是容易的，但是當要求你一氣呵成，並且思維縝密，中間不要有停頓和無謂的重複，這個表達，就是門手藝了。從這個角度來說，我真心挺佩服羅振宇的，他發的語音內容充實，表達各種到位。讓人不費力的聽完六十秒，不覺得累，還覺得特別有收穫。不過羅胖他也承認，一條語音有時候要錄好幾十

6 來源於麥肯錫公司。麥肯錫要求每一個業務人員，都必須有在三十秒之內，向客戶介紹方案的能力。

遍。所以，下次再發語音，尤其是講一件事、說一大段內容時，請先在腦子裡列個大綱再講。請尊重對方的時間和耐心。

07 你善用了自己的時間和才能嗎？

生命是個逐漸剔除的過程。多花點時間在真正值得的人和事上。

經常有朋友問我，你自己的理財生意那麼忙，還寫公眾號、出書、全國各地跑，你平常是怎麼安排時間的？其實我自己也在摸索總結，講碎片化時代如何提高工作效率的方法論多如牛毛，我不想講一堆，就分享自己感觸頗深的三點吧。

微信好友上限是五千人，但根據鄧巴數（Dunbar's number，也叫一百五十定律，由牛津大學人類學家羅賓．鄧巴在一九九〇年提出。該定律認為：能與某個人維持緊密人際關係的人數上限，通常為一百五十人），我們交流的社群人數一般最多就一百五十人。有的朋友微信動不動就幾千好友，但如果你不是做微商搞社群經濟，或做粉絲行銷，平常人社交要那麼多微信好友做什麼？

現在有這麼一個現象，參加一個活動，或者朋友組個群組，以前大家是相互交換名片，現在是互加社群帳號，然後不知不覺好友名單就……一方面確實更方便了，但另一方面其實也更麻煩了。因為太容易被別人找到了，或者更直接點說，太容易被騷擾了。不知道你會不會像我一樣，七乘以二十四小時被微信包圍，有時候特別希望自己不在線，哪怕只是裝一會兒。

還有朋友圈互動太累。好友太多，有時無關痛癢的人回應你，統一回覆顯得不夠真誠，逐一回覆又太消耗時間。且現在公眾號多如牛毛，以前只有傳統媒體，寫文章出版還是有門檻的，現在不管晒文字、晒圖片，哪怕晒肉、晒內褲，只要開個公眾號就可以說自己是自媒體了。最近的熱點是房價，於是快速產生了幾萬篇、幾百萬字寫房價的文章，爆款文多半不是理性分析的，而是散播恐懼的。

你關注的公眾號多，其實並不能帶給你更清晰的判斷。相反的，一篇五分鐘閱讀的時間，消耗的都是原本就不多的青春。資訊匱乏和資訊氾濫，本質上是一樣的。公眾號是賊，偷光你的選擇。我們不需要那麼多不同領域和有趣的帳號，留下幾個有用的，和幾個自己喜歡的，就好了。

只有覺得自己的時間不值錢的人，才會天天參加各種包裝得高大上的活動，這些人是各個紅酒聚會和遊船聚會的常客，因為很多是免費的。不過，人家為什麼要免費請你——涉世未深的年輕人呀。

你對於大多數人都沒那麼重要，不要逢年過節人家一條群發的祝福短信，你還戰戰兢兢的精心回覆。不僅愚蠢，讓人家也無所適從。**一個成熟的人的標誌是，懂得做減法**。做自己時間的主角，不要做別人的配角，我們沒有那麼多朋友需要社交，沒有那麼多飯局需要你在，不需要你的熱心氾濫。**生命是個逐漸剔除的過程。多花點時間在真正值得的人和事上。**

不在趨勢裡的努力，都是瞎努力

很多人覺得自己也挺努力的呀，加班加到感動自己，沒有浪費時間給世界。但同樣幾年後，有些人迅速起來了，而另一些人卻原地踏步甚至被淘汰，為什麼？

不要再用「我很努力」、「天道酬勤」來欺騙自己、感動自己、麻木自己。因為努力只是個戰術，洞見和判斷才是戰略。在平穩時代，兢兢業業就可以了。但我們不幸處在這個經濟轉型、社會折疊的時代，這時候的戰略眼光比戰術重要太多倍。

這幾年的職場生涯，身邊出現了太多因為戰略選擇不同，而完全不同人生的例子。我有個北京的讀者，畢業後在一家國營企業工作好多年，年紀比我還大幾歲，去年跳槽出來自己做事了。因為這個國營企業的業務越來越差，「再混下去，就只能等死了」。

我香港的一個好朋友，頗有才華，幫《華爾街日報》寫專欄，研究所畢業後懷抱著媒體夢一頭鑽進傳統紙媒。可惜香港的紙媒已凋零沒落，這兩年做下來，薪水沒怎麼升，未來也看不到太大希望，準備轉型或離開。我感慨，以她的才華，如果當年選擇去中國發展蓬勃的新媒體，或許現在就是完全不一樣的光景。

而另外一些朋友，年紀比我還小，有自己的技能專長，再加上前幾年就抓住了移動互聯網的風口，無論是個人品牌還是專案，都經營得風生水起。隔半年見個面聊天，都忍不住驚嘆——哇，現在的你怎麼混得這麼好了，簡直是裂變。

這些例子太多了，這是個關於選擇、關於洞見和未來的趨勢判斷的大問題。總歸一句話——**如果你跑錯了賽道，那麼勤奮並不能換來歌頌，辛苦只能感動自己。**

職場裝備不能省，買了更得會用

好的職場裝備，就如同戰士打仗時手上鋒利的劍。年輕時我們為了省六百元，選了效能差的手機，後來拜這個手機所賜，我們少賺了無數個六百元。職場白領們最離不開的生產資料，除了手機，應該就是電腦了吧，甚至很多人的職場時間，就是用在電腦上的。那麼問題來了，你真的會用電腦嗎？更準確的說，你真的會有效率的使用電腦嗎？

這一點我是有資格說的——其實很多人在電腦操作上浪費的時間，比想像中要多很多。我算是骨灰級 Mac（蘋果電腦）用戶。Mac 穩定持久的續航能力讓經常出差的我總是很有安全感。但在我看來，蘋果強的真不僅是它的硬體，最強的還是作業系統軟體。

很多人說蘋果的系統不好用、不習慣，我想說，其實，那是一片你沒發掘的美麗新世界，你需要花點精力摸索。只是，你不願嘗試或不願改變。所以你的世界，還是原來的世界。**現在的不願學習，帶來以後更大的浪費**。

比如 Mac 觸控板強大的 Mission control（任務控制）功能，目的在於透過單指、雙指、三指的不同操作，實現比滑鼠更高效強大的使用體驗。但是很多人不會用，還在用「點按」，而不是用「輕觸」，用食指點按加中指拖拉，而不是直接三指拖拉來操作選取。

看到明明用兩個步驟可以解決，他們卻用了五、六個步驟才搞定時，我內心總是長嘆一口氣，太……慢……了。就像明明開奧迪 R8，卻常年高速跑標準一百二十公里（中國高速公路速限一二〇公里）——太不尊重車子，太侮辱 Mac 了。

相對於 Mac 強大的觸控板功能，我認為更好用也更高階的，是 Mac 的快速鍵。有關螢幕的一切，都在鍵盤上完成。比如打開、關閉幾個網頁、複製、貼上圖片到不同視窗、不同程式式自由切換、直接鍵盤操控整個文字的編輯……。

08 你的工作能學到全面的本事？或者只是當螺絲？

去好的平臺，就是積攢職場的籌碼。公司平臺背書的價值，不僅在當下，甚至影響一生。

優質平臺和普通平臺的差別，就像一線城市和四線城市的差別。我有三位原麥肯錫級別挺高的朋友，一位是現今的蓋茲基金會的中國區負責人、一位是原負責麥肯錫中國區招聘、一位是麥肯錫全球副董事。我發現一個特別有意思的現象，就是他們說話和思維的方式，都有很明顯的麥肯錫標籤——比如語速都偏快、中英文混體、分析事物的邏輯很有麥府的那一套標準、給人的氣質，就是混跡頂級諮詢圈的商務模範人。

大家都知道我是環境決定論者。我相信環境對多數人的影響，是大到起決定意義的。而職場上，我是平臺決定論者。平臺的差異，對一個人的職業發展，也是差不多起決定性的。一個人放到不同的職場平臺，一年後，有可能廢掉，也有可能成為菁英。

年輕人在選擇事業時，我覺得就兩個方向：

第一個是賺錢特別快的地方，比如一年馬上賺幾十萬元、上百萬元，幫你快速完成原始財富的累積，甚至在某種程度上允許犧牲掉某些職場成長——因為財富上一個階級，你的眼界、思考方式和格局，一般都會相應提升一個檔次。但是這種機會極度稀缺，除非你剛好踩到了一個行業起來的風口，第一時間趕上了紅利，賺了一筆。

第二個方向就是盡量進入自己搆不上、比自己能力更強的平臺。一個好的平臺帶給你的價值，遠遠不只是薪水那麼簡單，甚至有些好平臺的薪水低於同行業。但是，你要想盡一切辦法進去。因為你的薪水一年差幾萬元，其實根本沒什麼大的差別；但是好的平臺，能帶給你脫胎換骨的改造。一個好的平臺對人的影響，除了職場專業素質方面的基礎提升（這點無須多談），對一個人未來的職場乃至整個人生，其實更意義深遠。

之前有篇文章叫〈別錯把平臺當本事〉。裡頭說平臺是平臺，你是你。這我倒持反對意見。平臺就是本事，你能利用優質的平臺對接大專案，結識優質的人脈資源，你的本事就這樣起來了。對很多職場新人來說，最大的優勢就是有時間、有精力，最大的問題就是沒錢、沒資源，這是非常嚴重的資源錯配——讓一個人在最好的時間不能發揮最大的潛力。

怎麼解決？找到好的平臺。對於年輕人，你所能接觸到的大專案和大客戶，都是平臺給你的。否則，你根本不可能接觸甚至調配更高級別的資源。一家知名諮詢顧問公司的朋友有一次和我說：「我前年從上一家公司離職，進入這家公司，上週我們接手了一家公司的戰略諮詢業務，那家公司就是我的前東家。以前我是員工，而現在我居然以諮詢顧問的方式，給我原公司的董事和CEO講戰略。我都快瘋了。」

我說這很正常呀，你現在踩的是巨人的肩膀，沒有公司這個平臺，你不可能參與這樣的專案，也不會獲得這麼快速的成長。

好的平臺，就是好的圈子

與其說好平臺給你的是能力上的提升，不如說是氣質上的飛躍。因為一個人的職場氣質，來源於他的眼界和格局，來源於操盤過的大型專案、接觸的人。

我另一篇文章〈你現在的圈子，就是你的未來〉[7]，有讀者在後臺反駁我，說我寫得太偏激，當一個人有實力時，才會有圈子和江湖地位。我說，你說的是正確的廢話，一個人有實力，當然會吸引更優質的人、有更好的圈子。但是一個人怎麼才能有實力呢？我的觀點是，當你融入更優質的圈子，你的眼界、思維、格局都被一幫高手影響，你才會少走彎路，更快抓住機會、更早走向成功。

不是靠阿諛奉承硬把自己往裡面塞，而是腳踏實地的朝著那個方向的人去。平臺真正厲害的地方，不只是帶給你專業素質上的提升，而是在好的平臺，你能接觸到一批更優質的人，不管是你的同事、上司還是客戶。並且有機會讓你的才華和能力被他們看到和看上。也許，在未來的道路裡，他們有可能成為你的合夥人或客戶。

因為平臺，你有了更好的圈子。

好的平臺，是你一生的信用財富

在職場上判斷一個人時，因為不了解，所以第一印象往往就看他之前任職的公司或平

7 可參考第三十三頁。

臺。比如互聯網科技領域的阿里、騰訊、百度、微軟、谷歌的某個核心職位，出來的人就普遍受歡迎；諮詢領域如麥肯錫、波士頓、貝恩就讓人覺得不會太差；會計領域如果是四大會計事務所[8]出身，就會很加分。

我有不少在四大會計事務所上班的朋友，在他們剛入職那幾年，天天加班，但是能力和素質撕裂般成長，這些人的市場溢價空間就很高。其實**去好的平臺，就是積攢職場的籌碼**。公司平臺背書的價值，不僅在當下，甚至影響一生。

前幾天和一個朋友吃飯，她是 Uber 中國的前幾號員工，很多 Uber 的行銷活動都是他們團隊做的，比如「一鍵叫來直升機」服務。後來她加入互聯網創業公司做聯合創始人。

我非常認真的和她說：「妳的頭銜履歷實在太好了，在中國有這樣頭銜的人不多，妳應該好好利用，發揮自己更大的價值，不要被低估。」她聽進去了，覺得有道理。過了一段時間，我果真在吳曉波頻道的課程裡，看到了她作為講師的身影。而她的身價、知名度和影響力，不出意外，會噌噌往上漲。

這兩年在互聯網的推動下，崛起了一批個人品牌很強的個體。當各個平臺介紹時，你會發現他們的頭銜介紹裡，經常是前阿里品牌總監、前騰訊產品高級經理、前微軟部門總監……。從這些公司出來，公司的背書會一直跟著你，幫助你做信任交換。這有可能成為你未來職場乃至一生寶貴的資源和福利。**你的平臺就是你的一生信用背書，用來撬動你更大的事業。**

09 弄假，直到成真

虛榮代表著另一種不滿足現狀、渴望突破現狀、改變現在階層的願望。

其實很多人根本不懂裝闊的內涵和精神。那些平時省吃儉用擠地鐵，存一、兩個月薪水買奢侈品包包的姑娘，大都不被社會輿論所認可，甚至被貼上拜金的標籤——沒有這個錢，卻想要不符合當下身分的東西，虛榮。我以前也是站在輿論這一邊，但是現在不這麼想了。

其實，這些姑娘的包包，不是乾爹送的、不是男朋友買的，是自己開源加節流的成果，這種精神是值得尊重的。就像很多醜小鴨會嘲笑那隻想要變成白天鵝的醜小鴨，挖苦

8 指普華永道（PricewaterhouseCoopers，簡稱 PwC）、德勤（Deloitte Touche Tohmatsu，簡稱 DTT）、畢馬威（Klynveld Peat Marwick Goerdeler，簡稱 KPMG）、安永（Ernst & Young，簡稱 EY）等四大國際會計師事務所。

她不知道好歹、不自量力，這種群體的輿論，有時會澆滅一顆想要改變現狀、渴望突破的熱心。就像那些領先於時代的人，剛出發時一定不會被這個時代所接受。

她們也許會因為有這麼一款輕奢的包，從而對自己每天的外在穿裝更有要求、對每天出門的妝容更加挑剔，注意讓自己的談吐更加優雅，這樣才能配得上這款包的氣質。每天不自覺的暗示，對自己更加精緻的要求，也許在未來的某一天，她們背著這款包出門時，從一開始的違和，逐漸變得搭配又和諧，從最初的人因包吸睛變成包因人閃耀。

而當你成為更好的自己時，就會更被別人欣賞、更被社會認可——那時候的收入，真的可以滿足這款包的價格了。誰說只有收入高了才會變得更好，其實反過來，才是正確的。**先讓自己更好，因為你值得。**

成功，從假裝開始

很多時候，我們是需要活在自己設定的、對未來的美好幻想裡的，理想中的生活，一定不是現在的樣子，我想要呼吸更上層的空氣。我們有時候需要刻意按照想像中未來的樣子去生活，這時候才會覺得前面的路，是有希望的，才不會在意當下的苟且，甚至忘記目前心酸的日子。

我一直相信一句話，甚至很長時間奉其為我的座右銘——Fake it until you make it.（翻譯成白話就是——假裝你是某人，直到你成為某人）。虛榮在很多場合是貶義詞，但是，這不正代表著另一種不滿足現狀、渴望突破現狀、改變現在階層的願望嗎？或者，一個包包就是一個被實現的小小夢想。當她們成為包包主人的那一刻，是不是覺得，自己未來的美好生活也不是那麼遙不可及呢。這種小小的夢想是珍貴的，甚至是應該被保護的。

每次我想買錶時就會去ＩＷＣ[9]，那天朋友陪我去香港購物中心「一八八一」看錶時，問我為什麼就只要ＩＷＣ這個牌子，而不選其他的。我說萬國錶的款式我比較喜歡。但其實這個牌子對我有特殊意義。

幾年前我還在領一個月幾千元薪水時，有一次在機場候機，一個推銷模擬錶的錶販子走過來，問要不要看名錶，然後展示了幾款高仿的世界名錶。我看了很喜歡，討價還價後付了八百元買了一款高仿ＩＷＣ。因為做工還不錯，戴在手上時，好多同事和朋友都沒看出來是假的，有的看到牌子說：「哎喲不錯哦，萬國錶哦。」我語氣閃爍著：「嘿嘿，還好還好，嗯嗯。」但是心裡是虛的，腦子裡當時的念頭是：「不久的未來，我一定要買一

9 International Watch Co.，萬國錶，世界最著名的瑞士高級鐘錶品牌之一。

款真的萬國錶。」

當我把這段黑歷史講給我朋友聽時，他哈哈大笑說：「原來你當年這麼虛榮啊。」我說：「是的，就是當年的喜歡裝闊、愛慕虛榮，讓我成為現在的樣子——IWC的這款小王子限量版，買了。」

追求物質的人，本身沒有錯，美物本來就值得追求。就像穿過「Seven For All Mankind」（高檔牛仔褲品牌）的牛仔，你就不願穿 Levi's（利惠公司，牛仔褲品牌）的了；就像住慣了SPG（喜達屋酒店）系的酒店，就不願住全季[10]了；就像你愛過一個極好的姑娘，其他人便成了將就。

那些追求物質的人，誰說不是在追求更好的自己呢。只不過有人心態不對，只想著別人給，不去自己努力爭取，這些人，就是純粹的拜金和虛榮了。曾有人問作家王瀟：「妳為什麼追求那些物質的東西，那些身外之物？」王瀟回答說：「這些身外之物，從來都不是身外之物，這些都是我自己。」

很多時候，裝清高是加重了生活的儀式感。承認吧，我們平庸無味的生活，多麼需要儀式感。我以前寫過一篇文章，說自己家鄉，三、四線小城開了一家星巴克，結果裡面人聲鼎沸，熙熙攘攘，小孩在裡面嬉戲，甚至有人在大長桌上打牌。當時我感慨：「我在都市星巴克加班，你在家鄉星巴克打牌。」

我家鄉的好友無奈笑著吐槽說：「本來以為開了家星巴克，可以帶著電腦來這裡喝喝咖啡、辦辦公，享受這種氛圍，也偶爾文藝一下。結果，我現在要是拿著電腦去喝咖啡，一定會被別人說裝什麼清高，回家幹活去。」我笑著說，是他們不懂。**你覺得一件正常的事，在別人眼裡是裝清高，只有兩種可能**，要麼是你真的在裝清高；要麼你就該換圈子了，你原來的圈子，已經不適合你。不懂裝清高，根本就不懂生活。

米其林的美食不如你用心做的番茄炒蛋；明星演唱會的情歌不如在屋頂陽臺你認真唱的那一首；豪華車加九百九十九朵玫瑰，不如你深情的從身後緩緩拿出的那一朵。生活的儀式感、精緻感需要一顆細膩、好玩、認真的心。大多數無趣的人，只能過大眾平庸的生活。而精緻，其實和錢沒關係。

10 中國連鎖酒店。

10 「完成交辦」不會讓你高收入

要在有限的時間裡，多做些戰略上的努力，而不是戰術層面的付出。不能自我增值的辛苦，統稱「假辛苦」。

關於自己的公眾號是否應該融資的問題，在朋友的引薦下和一些投資人交流了很多，從定位到需求，從商業模式到可持續發展，其中有一點，特別戳中我。「如果你想追求的是線性增長，今年賺個兩百萬元、明年賺三百萬元、後年賺五百萬元，那小日子過得也挺好的了，就沒必要融資了。」但是如果你希望的是指數增長，過兩年達到一千萬元，甚至是上億元，那就是完全不一樣的思路和打法了。在**股權投資領域，追求線性增長是沒有意義的，要的是未來的想像空間**。由此我想到，我們的事業和職場，是不是也不該只追求線性爬升，而更應擁抱指數增長呢？

首先，追求指數增長是野心家的遊戲。在朋友的餐廳吃飯，他的餐廳半年前拿了天使輪，現在投資人要求他抓緊時間開分店，做成規模，嫌他擴張的速度太慢。他吐槽說，當初拿投資人的錢可能是個錯誤，自己確實也想做大，但投資人希望你做得更大，搞得現在疲於奔命。**沒有太大野心的，就盡量別拿投資人的錢。**

所以投資公司很少會投資一家單獨的餐館，除非是那種迅速擴張規模化準備上市的。因為一家餐廳今天翻了幾張桌，收了多少錢，扣除多少人工和租金，現金流是穩定的，對資金並不飢渴。然而最重要的原因是，經營餐廳，營收和成本基本上是固定的，一家一個月賺一百萬元的餐廳，你不可能指望明年賺一千萬元。

換句話說，這樣的未來是沒什麼想像空間的。而資本是貪婪的，追求最大化效益。沒什麼想像力的，早期股權投資不會感興趣，又不是做個人理財——一年八%的年化保本、保息就能讓普通用戶尖叫和興奮。

甚至你現在不賺錢也是沒有關係的，只要證明未來的盈利模式和想像空間，想小富即安的就不要和資本玩了。當年京東融資時要兩百萬元，結果投資女王徐新直接給了一千萬元，說劉強東你要的太少了。

很多人舒服的躺在穩固的線性增長曲線裡，而沒有看到別人在指數增長，沒意識到自己已經落後了。

紫牛基金合夥人張泉靈對創業者融資說過一段話：我知道你現金流很好，不缺錢。但是如果你不拿投資人的錢，這筆錢就會給你的競爭對手。然後你的競爭對手就會花更多的錢來挖你的團隊、買你的內容，甚至拿下你的公司。

打造自己的「單品爆款」

那麼，如何實現職場上的指數型增長呢？你得打造自己能力的「單品爆款」。互聯網行銷有個思維，叫做「單品爆款」，品類不用太多，集中全部精力做到極致，就能脫穎而出。自己，就是你唯一的單品，我們也需要集中有限的時間，把自己打造成「爆款」。

碎片化時代，我們的注意力極容易被誘惑、被分散，而一項核心技能，需要一萬小時的訓練。這一萬小時你要分十年才完成，就是線性增長；而你專注了，就有可能指數增長。那麼如何專注呢？

其實每天吸引我們關注的大部分內容，只有情緒價值，沒有觀點價值，更沒有乾貨價值。每逢娛樂明星出軌爆出，就會誕生多少篇十萬多閱讀量的文章，撩起了我們多少無用的情緒，消費了我們多少的注意力——明星家裡那點爛事，我們怎麼就這麼感興趣呢？

資訊匱乏和資訊超載的本質是一樣的。同樣的，選擇太多也不是什麼好事。這是一個要做甄別[11]和做減法的年代，因為注意力是最稀缺的資源。專注一件事，布好一盤棋，才能在垂直領域做自己的單品爆款。

說白了，就是現在做的事，當下可以沒那麼賺錢，但必須能讓自己的未來更值錢。為什麼四大、4A等公司薪水不高又經常加班，還是要去？因為可以有大平臺或大公司待過的經歷，每天和厲害的人共事或過招，思維的視角和專業度是不一樣的。磨礪個幾年，出來後身價自然不同。

這年頭，滿街都是伯樂，千里馬稀罕。就像平臺太多，優質內容太少，只要你是優質內容，你就是甲方，就有充分議價權。而另一些人，仗著這幾年某些行業的市場行情好，賺了些錢，便覺得自己天下第一了，牛氣沖天的。和他們聊天，感覺就像是土包子進了城，發個朋友圈只會讓人產生下一秒就自動忽略的衝動，內容連碳水化合物都不如。米飯沒有營養，至少還有能量。這類人就屬於目前賺了一些錢，但自己本身不值這些錢。政策一變、行業一轉，就很有可能今年天堂、明年地獄了。按照金融界的話語說，就是抗風險能力太差、泡沫太大，還不能保值、增值，建議儘早拋售，不宜長期持有。

所以我不會建議年輕人白天上完班後，晚上去兼差開車。不是說分享經濟下賺點外快不好，而是因為兼差開車的附加價值太低，沒有太多個人增值空間，你把一個晚上的時間浪費在一個附加價值很低的事上，不值得。就好像在餐廳端菜的年輕服務員，端出來的是飯菜，端進去的是青春。沒有任何歧視，這只是現實。如今在辦公室格子間的大多數小白領，若自己沒有成長的思考和焦慮，做著上級分派的任務、盯著月底的薪水，本質上和端菜的服務生沒什麼區別——除了形式上，貌似更體面些。

大多數人就是被這所謂的優越感弄廢了。在自我指數級成長的道路上，優秀的人會更優秀，平庸的人會更平庸。兩條線，離開了交叉點，就只會距離越來越遠。

經常重複反思

青山資本的副總裁李倩在風險投資界頗有名氣——之前的創業者，如今的投資人。她分享了自己的心得：「每個月我都會重複反思，自己這個月和上個月比，思考的深度，對世界、對行業的認知，有沒有提升一些，如果沒有，那就說明時間被浪費了，要調整自己忙碌的方向。」所以，我們要在有限的時間裡，多做些戰略上的努力，而不是戰術層面的付出。不能自我增值的辛苦，統稱「假辛苦」。而假辛苦只會換來自己爽了，別人無感。

最後說一個例子收尾。兩個乞丐在幻想，其中一個說：「我要是當上了皇帝，我要飯時的那個碗，必須是純金的。」我們何嘗不是在用職場上的乞丐思維呢？賣自己的時間換固定薪水的思路，終究是小農經濟的格局。年薪沒有達到百萬元級別的，你目前的薪水和時間成本比起來，終究還是便宜。所以，對於未來，看得更遠一些、想得更大一些吧。

⑪ 學會表達，再談實力

抓不住展現實力的機會，跟沒有實力，本質上是一樣的。

我助理有個挺優秀的大學同學，一個有個性的上海小姑娘。上大學時在無印良品兼職，就是用課餘時間去店鋪裡打理貨物的一系列工作，她在那做了很久。有一天她下班後在朋友圈發了段話：

今天店裡來了個女顧客，抓著我就命令：「我要這件的 large（大號），如果可以 transfer（調貨）多件，我都可以 all in（都買走）。這個在 on sale（打折）跟別的不一樣，我要是下一 week（週）回來買，這個 sale（促銷）還有嗎？」說話時還配著一臉得意的公主表情。

我助理接著問：「那妳怎麼應對的呢？」她同學說：「我一看她這態度就不高興了，但不能嫌棄形於色呀，就馬上親切又快速的跟她撂英語了，結果那位顧客一臉反應慢半拍。離開時還問了句：『親愛的我們可以留美國的電話嗎？』」

我聽了後呵呵兩句：「英語還真是裝酷和反裝傻的最佳武器。」

魅力是一種選擇

有次去吃飯，認識了一個年輕人叫丹尼爾。丹尼爾雖然面龐青澀，氣度卻頗有大將風範，對著一大桌子混跡職場數十年的老油條，從容自信侃侃而談。雖然他學歷高、智商高，而且顏值、身材俱佳，剛工作兩年就為公司創造了上億收益，但我誇他優秀還真不是因為這些，而是他全程都是用英文講的。水準和 TED（Technology, Entertainmect, Design）[12] 脫口秀差不多了，英文肯定是他的母語吧？

沒想到，他是土生土長的香港人。我問他，全場都是中國人，你為什麼不講中文？他帶有一絲羞澀的告訴我們：「我一來就發現鄰座那位朋友一起帶來的父親，是沒怎麼學普通話的那一批香港人，然後對面的兩位女士好像又不會講粵語，所以剛剛那個場合只有講英文才能讓大家都聽懂。」這個優越秀得，我絕對要給滿分。

不管我們如何多元的評價早期英國控制帶給香港的影響，但香港人民對英文教育的重視的確讓我感慨。西餐廳裡用英文點菜的老大爺、用英文給中國遊客指路的清潔工阿姨、便利商店裡一口標準英文播音腔的職員……其口語能力之強，表達能力之高，令人折服。行走在香港的大街小巷，你總能感覺到，不論年齡、身分，只要他一開口說出道地的英語，就會散發出超乎形象和地位的魅力。

學會表達，再談實力

在職場上摸爬滾打了這麼些年，我有一句經驗之談，必須說：「學好英語，比學好什麼都重要。」為什麼？因為你未來的職業，可能和你學校裡學的知識一點關係都沒有，或者說，這些工作能力到了工作崗位再學也來得及。唯一需要你玩命砸時間、砸精力的學科，就是英語。英語在這個時代，已經成了一項必備技能。英語講不好，你有時甚至跨不進面試的門檻，那還談什麼在職場上一展實力呢？

12 技術、娛樂、設計的英文首字母縮寫，會邀請各領域的專家學者做演講分享。

別跟我提什麼某些管理層都不會說英語——時代不一樣了，市場自然也不一樣。除非你是馬雲的兒子，否則我們中的大多數，都要乖乖的走進完全競爭社會，不斷提升自身實力才能試圖站穩腳跟。而**自身實力中最重要也最客觀的一項，就是英語水準**。不少職場上屢屢碰壁的朋友找我吐苦水：「我不是沒能力，只是面試時英語沒講好」、「我不是沒思路，只是開會時忘了那幾個詞怎麼說」、「我想法全在腦子裡，只是嘴上表達不出」——真的別解釋了，關鍵時刻「說不出」和「我本來就沒有」是同樣的結果。

抓不住展現實力的機會，跟沒有實力，本質上是一樣的。

「抓住」機遇是展示實力的前提

我有個資歷普通、背景也很一般的朋友，就因為英語說得還不錯，抓住了一個做外交官英文助理的機會。暫且不談他的薪水，從跳槽前的五千元立刻抬到兩萬元，我這個朋友，整個人生都發生了翻天覆地的變化。由於每天跟著老闆接觸了不少商界、政界大神，他的眼界和人脈都飆升了好幾個層次。再加上他腦子聰明善於製造機會，他借助身邊的人脈資源做起了火鍋店生意，現在已經成了小老闆。

我們聊天時，他頗有感慨：「沒想到自己普通大學的學歷也能有今天，最想感謝的就是當年體罰他的英語老師。」他說，沒有英語，他根本不可能跨進那層社會，遇到那麼多優秀的人。是因為英語，他才能突破自己的圈子，接觸比自己厲害的人物，在接觸他們的過程中不斷自我升值，慢慢也變得厲害起來。

機遇促進成長，成長造就能力，能力又會創造新的機遇。

很多人學不好英語，是因為沒意識到英語的重要性。但我上面說了這麼多，想必大家也都對此心知肚明了。可能有讀者要說了，史賓賽，你說得對，英語使人強大，使人從內而外煥然一新。可是我還是學不好是怎麼回事啊？我是不是天賦問題啊？當然不是。問這些問題的你，有沒有每天都要求自己說英語呢？一定沒有。你想想孟母三遷的故事為什麼能夠千古流傳就懂了，環境和習慣影響著我們。你出國留學一年半載，每天用英語聊天、點菜、購物，想說不好都難。

而且突然不讓你說英語了，你還會渾身難受。**語言學習的方法**，如果只能用兩個字來總結，**就是：沉浸**。但是，沒條件、沒時間留學怎麼辦？難道就無法「沉浸」？當然不。你看姚明。他剛打球時英語可沒那麼厲害。可是現在，美國休士頓市長以他的名字命名，二月二日為休士頓的「姚明日」。之後，他的十一號球衣也迎來了退役儀式。多少人觀看了那場退役直播？姚明全英文演講的樣子是不是帥呆了？他曾經也和我們普通人一樣，透過自身的努力去克服語言的障礙，定期和外籍教師交流學習，才成就了今天的口才。

姚明也帶動了千萬人在語言方面的成功，最近看了一支姚明拍攝的視訊，講述了幾個奮鬥者突破語言瓶頸，不斷為自己的夢想努力的故事。就算我們只是這個社會最渺小的螺絲釘，我也希望，下次客戶用英語跟你裝酷，你能來個漂亮的回擊。哦不，回擊的目的，是達成圓滿的人生。

第四章

職場人最重要的素質：上桌

01 觀察好友的朋友圈，是自我成長的好方法

朋友圈屬於碎片化學習時間，不受時間和空間限制。而且這種學習方式，不帶著功利的目的，在潛移默化中發生。

如果你想第一時間最直接、**最有效的了解一個人，基本上看他發的朋友圈就可以了。**雖然發朋友圈都是選擇性表達，但你所轉發的內容，顯示出你所關注的領域。比如老人家轉發養生帖和愛國帖、媽媽們轉發育兒文和母嬰電商活動，經常分享馬雲、巴菲特、比爾．蓋茲雞湯文的，基本上就是做微商或直銷的勵志中青年。你所寫的評論，就是你的態度和價值觀，你所晒的照片內容可以看出是經常旅遊還是經常加班；照片是原圖還是做過構圖和剪裁；用什麼濾鏡和修圖軟體，可以看出是文藝青年，還是走性冷淡風——這都暴露了你看待這世界的角度。你的朋友圈，就是你最好的標籤。

總之，在這個美髮店都是首席和總監的年代，到處都是CEO、COO（Chief Operating Officer，營運長）、CFO（Chief Financial Officer，財務長）、總裁、副總裁頭銜，印滿你收到的名片，單靠頭銜已經失去了光環和背書。而朋友圈就是你的獨特標籤，

而且還是更多元的，不限於職場的。

莫讓社群媒體悄悄「出賣」了自己

很多人說，朋友圈本來就是熟人社交，自己想發就發，哪有這麼多條條框框。這裡我要提出自己兩個較為偏激的觀點：第一，微信的功能，早已經不再是熟人社交而已；第二，朋友圈也是社交的江湖，也講江湖規矩。

首先，微信不再是一開始的我們彼此很熟，才透過通訊錄添加微信，那確實是原始的熟人社交；現在的情況是，我們剛剛認識彼此，我們可以交換名片或不交換名片，但是我們一定會互加微信（臉書或 Line），尤其在商務場合，對不對？所以，我們是先加微信，後慢慢了解對方。微信早已脫離了熟人社交的概念，越來越多走向陌生人社交。熟人社交可以不拘小節，隨意隨性；而陌生人社交，就要注意很多分寸了，因為你時刻在暴露自己的性格、態度、品味和取向。

其次，講一講朋友圈的江湖規矩吧。微信的本質當然是社交屬性，但是因為公眾號這個偉大的發明，微信其實已經具備了超強的媒體屬性。對不起，我侮辱微信了——其實微信已經成為目前最大的社交媒體了。為什麼這麼說？其實很好理解，現在中國最大的網路媒體，一個微信、一個微博，至少占據了六〇％以上的大眾關注流量。其他什麼豆瓣、知乎……都是相對垂直類的，使用量無法和微信、微博抗衡。總歸一句，微信開始越來越朝向陌生人社交，並擁有大眾媒體屬性了。

既然是陌生人社交，且自帶媒體屬性，就會導致兩個結果——第一，你發的朋友圈內容，是提升了自己的個人品牌，還是傷害了個人品牌；第二，你發的內容，對關注你的他人而言，是否有營養價值？

當大家不再把朋友圈當熟人社交平臺，而當作一個媒體，來獲知資訊和知識服務時，那些每天在朋友圈刷廣告，或連續發N段影片的人，就會帶來極度反感，讓人產生封鎖或拉到黑名單的衝動。因為這些垃圾內容，占據了大家希望在朋友圈看優質內容的空間和時間。

關注某些人就是浪費，所以我們要清理和優化自己的朋友圈環境。當然，無節制發文的人畢竟是少數，更大的層面是，你轉發的如果經常是那些煽動性內容、未經證實的謠言，久而久之，你在那些思想比你高級些的、沒那麼熟的朋友心裡就顯得有些蠢。發布的照片解析度不高，甚至品質低劣、畫面模糊，就顯得你審美太差、品味太低。朋友圈的物以類聚、人以群分就這樣悄無聲息的開始了。

反過來，那些有思想、有調性、有審美的人發布（或分享）的朋友圈，就會成為稀缺品，成為價值高地，成為大家想要關注的優質內容。二〇一七年對我來說是跨度特別大的一年，因為多了一些身分，進入了一些以前接觸不到的圈子，認識了一些不同行業、不同領域比較厲害或有意思的朋友，一起吃飯或喝茶，互加了微信。我發現，他們的朋友圈內容，經常能讓我學到好多關於行業的新洞見。

比如一些做風險投資的朋友，他們就會經常發表一些關於各行業的判斷或事件分析，甚至談一些更直觀和深刻的內幕八卦，不經意間更新我的知識結構；又比如一些影視圈的朋友，他們就會晒一些平時在媒體上才能看到的明星生活照，甚至很多時候是他們的更新先於媒體，讓我很有先睹為快感；還有這幾天比較熱門的電影，看他們狀態就知道目前票房廝殺得多麼慘烈。

關注「好友」的「好友圈」

關注優秀的人的朋友圈，是最好的自我成長方式之一。雖然我是知識付費的堅決擁護者，但是並不看好目前市面上的很多付費內容的效果。一些App上的付費課程，內容肯定是比一般的線下培訓好很多，畢竟敢在互聯網上玩收費的，一般都是自有品牌、粉絲人數高的人。然而，最核心的問題是——沒有持續的黏度。什麼意思？有在網路上付費經驗的同學就會明白，不管是付費閱讀也好，付費社群也罷，一般都是頭幾天比較熱情，想著我交了錢了要好好學點乾貨回來。但是一般過了一段時間，就注意力分散或沒有動力了，甚至都想不起付費的這件事了。有資料統計，只有一〇％的付費用戶，會一直堅持學習；超過一半的付費用戶，付費一週後流失率巨大；甚至很多比例是，付完錢後，壓根就沒有學習過。

這個和花錢買健身房年卡的道理，本質上是一模一樣的。所以健身房一直在賣年卡，而不用擔心人滿為患的問題——因為大多數人，都是一時的積極性衝動。人性啊人性。而朋友圈的出現，就解決了持續黏性問題。沒事刷個朋友圈，早已成為每個人的日常——高黏度由此而生。而且可以留言和發表評論，解決了互動需求，提高了參與感。另外，朋友圈屬於碎片化學習時間，不受時間和空間限制。優質內容＋高度黏性＋頻繁互動，我覺得在朋友圈學習，就是目前最好的學習方式。而且這種學習方式，不帶著功利的目的，在潛移默化中發生——這就是教育的本質呀。

02 你和頭等艙的距離，差的不只是錢

一個人不能在同一個狀態下待太久，這樣就不會發生裂變、不會有大突破。

有一次出差，從北京首都機場飛上海，剛好與我香港的合作夥伴莉亞和她老公同一班飛機。

那天早上首都機場特別擁擠，機場像春運時的車站，排隊換登機證、排隊等過安檢。我到機場比較晚，看這架勢再這麼排隊下去就要誤機了，而應急通道也排滿了人，說還要再等十分鐘，焦慮得不得了。我打電話給莉亞問她們到了沒，怎麼沒看到她們。她說她們走頭等艙通道，現在在候機廳吃早餐。她們太爽了，我和機組人員說千萬別讓飛機飛走了，別丟下我不管呀。

當我拖著箱子一路奔跑到裡面，一臉狼狽的出現在她面前時，她甩我一眼故作鄙視的眼神，說：「你怎麼想的呀，腦子進水了嗎？以你現在的收入，居然不坐頭等艙，不用這麼摳門。」我們一起登機，她左轉前往頭等艙，我往右邊通往經濟艙，突然想起很搞笑的那句話——世界上最遙遠的距離，是頭等艙和經濟艙的距離。而這次的差距，卻不是因為錢

的差距。

因為起得太早趕飛機，飛機上犯睏。我平時都在飛機上打字寫文章，而這次實在太睏了，但坐著睡又不舒服，想著莉亞此刻在頭等艙躺著美美的睡覺，突然就很想問自己：「我現在明明坐得起頭等艙了，為什麼從來沒想過去坐頭等艙？我也明明知道，現在時間對我來說是最寶貴的，排隊只能乾著急，為什麼腦子裡卻沒有要坐頭等艙來節省時間的念頭，好像長期腦海裡的思維就是——頭等艙和我是沒有關係的。」

到上海後，我們坐在去市區的專車上，我和她說了我的想法，她笑著說，以前她也這樣過。

你現在收入升級了，但是消費觀念還沒有完全升級，或只升級到了初步階段，還停在原來一年賺十萬元的思維上。她說她當年調到新公司後，拒絕公司配的司機，說這些事情可以自己做，為什麼要麻煩別人。

公司的人就和她說：「妳錯了，**公司花這麼多錢僱妳，妳的時間是不完全屬於妳的。**妳的時間是很貴的，如果**浪費在開車這些低效率的事情上，是在浪費公司的錢和資源**，是不道德的。」原本覺得分內的事，從經濟效益角度看，變得不道德了。但我們都知道誰是對的。

收入提升比觀念提升簡單得多

觀念的轉變比收入的轉變，要難很多。以前搬家時，父母捨不得扔掉的那些衣物，雖然一般都再也用不到，但他們寧可讓這些無用的東西占據著昂貴的居住空間——因為以前窮過。長輩吃飯時，明明已經吃得差不多夠了，卻不捨得剩下，硬是盡量吃完，雖然知道多吃無益，還要花更多時間運動消耗——因為以前餓過。這些觀念是如此根深柢固埋藏在當年的基因和血液裡，控制著我們這些年成長的思維習慣，讓我們做出現在客觀上已經不合理的選擇。

我們現在的決定，其實都被過去綁架。我們之前的思維模式和對世界的認知，就像一個思想的牢籠，形成一套固定的思維定式。就像之前剛開始做香港保險業務，那時候覺得一年能買個五萬美元就算是大客戶了吧，誰會花這麼多錢買保險呢。但後來接觸的高淨值客戶，他們買的保險金額，經常刷新我的認知。我開始明白原來有錢人可以這麼有錢、原來幾百萬元在他們眼裡算零錢。

再進一步說，這種思維其實比牢籠更可怕。如果是牢籠，我們至少還有掙脫的欲望，想看外面的世界，而這其實是一口桎梏的深井，我們就是底部的青蛙，看著頭上的那一圈天空，甚至覺得這就是世界的大小。以你自己的人生經歷，去揣摩好像其他人也應該是過這樣的日子。

所以打工者思維，即使換一份工作，也往往還是選擇當高級打工仔；領薪水的人，很少會想到有一天要發薪水給別人。在遊戲規則裡玩耍的人，很少會想到自己要去制定這個遊戲規則。連續創業的人，一般也都回不到打工者的身分。都是宿命。

富的人繼續富著，窮的人也只是在掙脫貧窮。負債的人繼續加槓桿，存錢的人繼續埋在銀行，這個和收入沒關係，只是思維方式。所以階層的固化，來源於思維的屬性。

那麼問題來了，這種幾乎固定的思維方式，如何改變？雖然我還有些舊觀念的桎梏，但這兩年自己的思維方式，在很多方面已經和過去有天壤之別了。我的經驗是，思維的顛覆需要巨大的人生轉變，也許是被放置到一個完全陌生的環境、也許是收入的突然暴增或銳減、也許是職場的大起大落、也許是四周圈子的迭代。總之，就是給你帶來顛覆性衝擊的概念，把你沖出原來的思維框架。

年入十萬元時，你恨不得什麼事情都親力親為，節流就是開源；年入幾百萬元時，你開始想著能用錢解決的事情，就不要花時間。以前，錢是貴的，時間是賤的；現在，時間是最貴的，錢是最不值錢的。家庭式小作坊時，你自己是老闆，同時兼銷售、會計，為了節約成本恨不得把自己逼成全才。等規模大了後，明白做老闆最重要的事就是招到最優秀的人，沒想過自己要多專業，只要找到最專業的人才就可以了。

自己在建團隊徵人面試時，也經常會感慨，他們無法理解我們這個平臺未來的價值，他們看不到未來更大的畫面。他們還停留在一份工作只是為了拿薪水養活自己的生存欲望，所以缺乏內在動力，激發不出更大潛能。很可惜。大多數人做的事，總是缺乏想像力。你把這事想得太小了，你要想得再大一些，想得遠一些。

保持成長，就不必顧忌瑣事

我承認自己是個比較偏激的人，經常講要儘早賺到人生的第一桶金，完成原始財富累積。然後就會遭到質疑，說我太世俗了、太物質了，接下來說我變了，變得太功利了。而說這些話的人，往往都是自己還沒有賺到第一桶金的；而達到相對財務自由的人，一般都同意我這個觀點。

一個人不能在同一個狀態下待太久，這樣就不會發生裂變、不會有大突破。就像你是賣時間賺錢，還是用資本賺錢，在兩個不同數量級的收入水準時，你所有的思考都會不同。就像用戶量是一千、一萬，還是十萬、一百萬、一千萬，所思考的戰略，都不是同一層面的。

創業時速度是很重要的。因為當速度起來迅速達到一個規模後，很多之前那些小規模階段難以解決的問題，會因為你的速度，變得不再是大問題，甚至會自己消失。發展的速度就代表了上升的勢能，勢能就是信心、就是未來、就是希望。我還是那個觀點——慢，是慢不出一個美好未來的。

03 什麼樣的人算是見過世面？

一個人越是缺乏什麼，越是炫耀什麼。

幾個月前，朋友約我喝茶，這哥們是海外歸國後輾轉到香港做金融生意，同時還在香港一所大學教書。根正苗紅[1]又天賦異稟，做人不擺架子而且勤奮，最重要的是，還特別的帥……我跟他在一起常常自嘆不如。我發現身邊很多真正有錢的，或者家世背景確實不錯的人，往往都沒有我們想像中那麼浮誇，反而特別低調、特別謙虛。但是，同時又讓你覺得，和你聊天的這個人，是見過世面的。

有次我見到了我的偶像——萬通地產的董事長馮侖，和他一起錄製了一期他的節目《馮侖風馬牛》。當節目組聯繫我，問我有沒有時間和馮董錄一期節目時，我都不敢相信，問對方：「你說的馮董，是萬通的馮侖嗎？」對方說：「是的。」我的天啊，馮侖是

1 泛指出身好、家世好。

我的童年偶像啊！還在北京東二環的一家咖啡館寫稿的我，第二天特地飛回香港，還買了一套新衣服，表示重視。

隔天早上，懷著忐忑的心情，我在北京一座會所裡見到了馮董。馮老師見我來了，主動和我打招呼，說：「麻煩你啦，陪我錄一期節目。」馮老師特別親切，整個談話錄製過程很順暢，很開心的聊了近兩個小時。其實我心裡一直想著好不容易見一次面，得加上偶像的微信呀，但是又不好意思問，人家太大腕兒了呀（大咖這個詞已經不夠用了）。眼看節目錄製結束了，結果馮侖老師主動說了一句：「來，我們加個微信吧。」天啊！那一刻，馮董在我心目中的位置，萬通六君子[2]穩穩的「頭牌」。

有個作者朋友，最近新書賣得不錯，有點才華，我們見面聊了聊。這哥們說話的方式，我總感覺哪裡不太對，但是又說不上來。他總是**試圖低調，卻又刻意的想讓別人覺得他很牛**。比如最後分開時，他說：「今天和你聊得很開心，待會兒要跟北京市〇〇領導吃飯，我得走了，改天再聊。」我心裡頓時有成群的羊駝在原野上奔騰——你晚上有飯局就去，為啥非得說有領導請你吃飯，你是怕別人不知道你是一個很牛的人嗎？

有一種人，想要全世界都知道他的低調。我自己也不是什麼大牛，但是當遇到對方這樣高級吹牛的方式，我就覺得他還是挺沒見過世面的。本來印象還挺好的，才華也是看得上，但就憑這幾句話，好不容易積攢的形象，全沒了。

越自卑的人越炫耀

在〈學會表達，再談實力〉[3]這篇文章，這裡面其實還有一層意思是：只要你一開口，敏銳的人就大概知道你的段位、認知程度、成長環境等。一**個人越是缺乏什麼，越是炫耀什麼**，是真理。比如，你會經常看到像下面這一類人的朋友圈，感謝○○邀請，今天晚宴現場來了好多大咖，真是非常榮幸。表面在感謝別人，實際上在吹捧自己。又你可能會經常收到背後寫滿各種頭銜的名片，什麼長江商學院EMBA（Executive Master of Business Administration，高階經理人）、○○會理事。好像頭銜越多，身分越貴。但是，你會發現真正頭銜越高的人，名片越簡潔。如同審美上，真正有格調的照片，都是簡潔的，只有越俗的照片，越需要更多的色彩去填充。凡事不克制，就是不高級。

在我眼裡，什麼樣的人算是見過世面呢？我心裡的標準，大概有三項：

2 指中國萬通地產的王功權與馮侖、劉軍、王啟富、易小迪、潘石屹。

3 可參考第二〇一頁。

第一，能講究、能將就。比如一個人對財富過度飢渴，或對權力過度迷戀、對名氣過度在乎，就是沒見過世面的。見到比自己厲害的人就迎上笑臉、見到比自己差勁的人就嗤之以鼻，就是沒見過世面。有些人在有一些小成績時就膨脹；在稍有不如意時就抑鬱，就是沒見過世面。雖然不至於泰山崩潰於前而面不改色，但是，內心不要有太多的得失心，很重要。也就是說，我們能享受最好的，但也能接受最壞的。

二，**謙虛**。一個人的謙虛來自包容，就像一個人接觸的事情越豐富，就越知道未知的領域多寬闊，自然會低下驕傲的頭顱。只有淺薄的人，才會盲目自信。詩人王爾德曾說：「只有淺薄的人才了解自己。」一切想要證明自己是強人的人，最後都是在證明自己的愚蠢。

三，**優秀後，仍然真誠**。優秀不難，真誠也不難。難的是，你在越來越優秀之後，仍然真誠。低級的人玩技巧和套路，高級的人，最後只剩下真誠。或者說，真誠才是最高級的套路。

04 沒有壓力來沉澱，快樂也是膚淺的

滿足只是短暫的愉悅，而壓力才是最長情的陪伴。

這段時間自己的狀態並不太好，手頭上有好幾個專案要做，但是時間有限又是最大的瓶頸，忙不過來。又連續去了好幾個城市，作息不規律，好不容易瘦下來一點的身材又變本加厲的反彈了。

有些人又要說我矯情了，你現在的日子明顯比以前好太多，你壓力個頭。其實壓力也遵循馬斯洛理論，有些壓力是生存層面的，比如要在城市裡活下來，希望買得起房可以安居；有些壓力屬於自我成就層面的，比如追求更高的薪水、更高的頭銜、更有影響力、更被別人認可。說白了，不管是員工還是老闆，年輕人還是中年人，每個階段、每個身分都有特定的壓力。在壓力的環境下如何保持優雅，是我們一輩子要修練的功課。

人生有兩種痛苦最無奈，一是夢想破滅後的絕望，二是夢想實現後的空虛。當你費盡千辛萬苦，終於爬上山頭，你可能會短暫喜悅一分鐘。但當你站在山頭，卻不知道下一步要去哪裡時，你會瞬間覺得無聊起來。

我自己公眾號的訂閱用戶，最近應該就會破三十萬了，我這段時間經常登入後臺，看著每天增長的數字，離目標越來越近。只有幾千人訂閱時，一直想著什麼時候到一萬人訂閱，等上了一萬人訂閱，就會一直想著什麼時候上十萬人訂閱。等後臺的數字到達三十萬人訂閱時，我可能在心裡喜悅一分鐘，欣慰的感慨一下——哦，三十萬人了。然後就想著什麼時候破五十萬人，甚至一百萬人。這就是人性，永遠貪婪，無法滿足。

相信我，滿足只是短暫的愉悅，而壓力才是最長情的陪伴。

在壓力下仍能優雅，需要自律

對美國感觸很深的一點是，發現郊區小鎮裡的胖子特別多，他們慢悠悠開車花半小時出門，吃頓十幾美元的自助餐再開車回來，生活安逸又閒適。這讓我一度產生錯覺，這是美利堅嗎？生活節奏也太慢了吧！但等我到了曼哈頓、波士頓等大城市時，看到城市裡的人們腳步飛快、眼神犀利、身材勻稱，才又覺得，嗯，這才是美國該有的樣子。

相信你在網路上也看過那些華爾街菁英的身材，勻稱的八塊腹肌讓他們看起來性感極了。美劇《紙牌屋》裡的克萊兒（Claire），白天再忙，晚上也要換上緊身黑色運動衣出門跑步。因為長期住各個城市不同的酒店，有時我也會早起去酒店健身房鍛鍊。每次我都會觀察早起健身的人，猜想他們來自哪座城市、哪個行業、什麼頭銜，看到他們在跑步機上汗流浹背，在瑜伽墊上撕拉身體，舉著啞鈴大口喘氣，我會由衷的感到被鼓舞。**健身房裡很安靜，大家都不怎麼說話。但整個屋子都瀰漫著一種氣息**，這種氣息，有自律的味道。

有壓力的人生，才能滿足內心的貪婪

身邊不少朋友，選擇過天天加班、非常焦慮的生活，並不是迫於生活壓力，而是自己的主動選擇。就像我的好朋友艾菲，放著好好的高階主管不當，跑去創業。她老公是麥肯錫的全球副董事，真不缺錢。問她為什麼要換職業，她回答說：「因為感覺自己沒什麼進步了，所以看好了一個未來風口，想挑戰一下自己。」

這一年多看著她到處飛、各種忙，我們在香港的社區只隔著半條街，但大都見不到面，只能在各個城市擦肩而過。前兩天，和她終於約到一面，聊了很多關於互聯網和金融行業的看法，我覺得她越來越有智慧，舉手投足也更加優雅了。這是一種在不確定的環境中，努力拚搏煥發出來的獨特精神。她說：「去年夏天我剛從華潤（China Resources，

CRC）辭職，我們一起吃飯那時，你還是個剛剛起勢的小夥子，現在感覺已經有大V的氣場了。這一年多你也是夠折騰的，真為你感到高興。」

時光讓我們彼此都變成了更好的樣子，這是對過去，最好的致敬吧。有種人，註定是要過有壓力的人生，才能滿足內心的貪婪。為什麼要選擇難走的那條路，因為我們不滿足，簡單的那條路，看不到太多風景。

忙裡偷閒，苦中作樂，才是生活真諦。就像沒有痛苦的沉澱，快樂也是膚淺的。每次去江浙滬出差時，我都盡可能抽出時間回家看看家人。有時回家只能待一天，今天回家，明天就得離開。但同時，正因為時間短，才想著把全部的時間都留給家人。有時候和家鄉小夥伴吃飯，他們商量說飯後去看電影吧，又說最近都沒什麼好電影上映、沒什麼可看，我說我已經很長時間沒走進電影院看電影了。兩個小時，太奢侈了。

前兩天看到關於《快樂大本營》何老師的一條新聞，是他和另外三個男明星，各拍了一段自己休息時一天的日程狀態。另外三個男明星分別錄製了展示收藏品、雪地越野賽車、洗泡泡浴的愛好，唯有何老師簡單的錄了「珍惜待在床上的一整天」這個主題。是啊，他的時間表太緊湊了，所以沒有壓力的連貫時間就特別讓人珍惜，珍惜放空的愜意。

05 在觀點上爭對錯的人，都是輸家

除了極少數原則底線和普世價值外，世間大多數觀點並沒有絕對的真理，有的只是絕對的立場。

之前曾發表過一篇文章〈沒事別想不開去創業公司〉[4]，發布之後成了爆款文，上了微博熱搜榜。說實話，我是沒想到的。當晚十點和往常一樣，點擊群發之後，後臺陸續收到了一些留言和回饋，我逐條回覆了些有的沒的，一些拉了精選。也收到了一些打賞的零錢，表示鼓勵和贊同。習慣忙到凌晨、習慣睡前聽枕邊手機FM的音訊，然後沉沉睡去。直到第二天早上起來，健身房鍛鍊完、吃完早餐，和朋友坐著聊事情時，點開公眾號的後臺，看到那篇文章的閱讀量已經破五萬了。頗感意外，和朋友打趣說，這篇文章閱讀量好高，搞不好今晚要破十萬了。朋友說，應該不用等到今晚吧。果然，兩個小時後破十萬

4 https://ssur.cc/CSosYmj，若網址失效，請自行輸入文章標題搜尋。

了，當晚的閱讀量已超一百萬。

後臺開始收到各種公眾號授權白名單[5]的請求，評論區的藍色數目列也在不斷刷新，一天增加了上千條留言。一開始我還想逐條回覆，後來發現實在做不到。這個公眾號一直是我職場生活外的一片自留地，基本保持一週更新一篇的節奏，沒有選擇每日更新。說實話，作為一個原創自媒體號，每日更新實在太血腥殘忍。

第一，日更太傷身體。本職工作就經常忙到昏天暗地，若再每日提筆，身體不答應，我還想多活幾年。

第二，日更太傷靈氣。我身邊有全職寫公眾號的朋友，堅持日更，和風口賽跑，不斷壓榨自己，打字打到手抖，大腦在發燒，換來迅速增長的用戶訂閱、換來頭條幾萬的廣告價碼、換來一片商業繁榮。我說你們太凶殘了，雖說作者不是非要有靈感才提筆，但我不是全職、不是村上春樹，不能每日清晨訓練。今天沒靈感，就是沒靈感，一週一篇，是我舒服的節奏和滿意的狀態。

一百多篇原創文，二十多萬文字，之前也出過幾篇轉載量頗高的小爆款，但現實世界裡純商人的我，卻並沒有把這個公眾號太商業化。沒有互推、不追熱點，也不想迎合大眾。三觀相近的，知道我更新的節奏，彼此心知肚明。在資訊氾濫的今天，不必費神每天去點紅點表示已閱，不聒噪、不打擾，挺好。也漸漸和一些氣味相投的讀者成為朋友，雖未謀面，卻已神交已久。調性不合的，也自然慢慢離開。

在目前市場上幾千萬個公眾號，平均文章點閱率不足五%的現實下，我的文章普遍點閱率能高出平均幾倍，留言豐沛，讚賞一般能過三排，看著特別體面，這是和讀者的默契。小而美的狀態，是我喜歡的。

認真就輸了

之前，我寫過的一篇文章[6]，談到咪蒙人紅是非多的處境。結果一週後因為這篇文章，自己打臉了。

---

5 意指特別容許某些來源的電子郵件進入收件匣。

6 〈你笑他們低俗的時候，他們笑你不懂〉可參閱第五十五頁。

在那篇文章火了兩天之後，果然攻擊的文章開始出現了，各種批鬥大會和隔空謾罵輪番上演。

一幫朋友說你火了，一幫朋友問你沒事吧。我笑著說當然沒事，互聯網都是一陣風，認真你就輸了。一直都是「眼看他起朱樓，眼看他宴賓客，眼看他樓塌了」，看一場大戲，當兩天的主角，不要奢求太多。而且，親手製造出了一個話題和現象，引起社會廣泛討論，這是人生幸事，我只是想看看他們罵得有沒有水準。對於互聯網上這種罵來罵去的文章，我的觀點一向是擁抱並鼓勵的。

我相信，除了極少數原則底線和普世價值外，世間大多數觀點並沒有絕對的真理，有的只是絕對的立場。尤其是在職場上，更多情況是——**立場決定真理**。凡在職場浸淫過的人，肯定都懂我在說什麼。

當年希拉蕊和歐巴馬在競爭民主黨候選人時，互相指責對方的各種政治錯誤。結果當黨內確定歐巴馬為候選人時，希拉蕊下一秒就公開聲明，希望支持她的擁簇者們投票給歐巴馬，說他是好領導——立場決定論。

這就好比在《奇葩說》上，最後哪方觀點贏了根本不重要，甚至觀點本身就是一個無解的存在。對錯永遠隨著不同階段、不同立場發生變化。重要的是，在雙方辯手文字的玩弄和情緒的把控中，大眾的思維，變得更多元、更立體、更高級，這才是價值。

我這樣看待網友留言

我差點沐浴焚香，雙手洗淨的點開那些反駁的文章，看到有邏輯、有乾貨的，內心暗讚寫得真好。果斷打賞了那篇文章，給寫文的作者留言，然後我們加了微信，相互探討觀點文字，他說你的雞湯寫得很讚嘛，我說你的觀點很毒舌、很犀利嘛，彼此哈哈大笑。最後，約了下次有機會見面聊。說白了，一篇文章即使寫得再好也一定是有局限性的，單靠一篇兩千多個字的小文，很難把一個道理講清楚，更不可能講全面。寫文章的人，選一個角度寫；噴文的人，選一個角度噴。大家各自表態，各自知道自己和對方的立場，各自發表自己的看法。成熟的作者，只針對觀點、不針對人。就像熟悉我的人，知道我是反雞湯的，但我不會簡單的論斷雞湯無用，或者看不起雞湯的作者，我甚至還特別欣賞真正有貨的雞湯寫手。

大眾為什麼喜歡讀雞湯文？因為真正厲害的雞湯寫手，都是半個心理學家。他們能用文字摸到人們內心最柔軟的部分，戳進靈魂最敏感的痛點，讓讀者產生共鳴、共情。但現實的窘境在於，很多所謂反雞湯的寫手，自己寫乾貨水準不夠，燉雞湯能力又不強，這才是忸怩作態。

同樣的，不成熟的讀者，他們會用情緒投票，而不是用大腦。就像有篇文章的標題說，他們的獨立思考，既不獨立，也不思考。他們要麼美化、要麼嘲弄，跟著從眾、跟著起哄。他們並不想要思考邏輯，他們只想要釋放情緒。靠他們堆砌出來的用戶訂閱量，會增加你廣告的價碼，卻不是用來真正交流。

言論自由的好處，在於喚起更全面的認知，而不是培養更極端的思想。所以對於有些讀者情緒化留言，我只想說，只談對錯是種病，愛談是非失敗者命，趕緊取消關注，速速離開。作為一名公眾號作者，相較於訂閱用戶數量，我更關注自己的用戶素質高不高。俗話說物以類聚，人以群分，如果關注我的都是腦殘粉，一言不合就牆頭倒的，那只能說明我自己段位太低俗，自己也是個腦殘。高品質的使用者，甚至都不需要完全贊同我，有你們自己獨立的口味就好。讀者素質高，才是我們真正可以吹牛的。

總之，互聯網世界，每個人都有發聲的權利，也應該誓死捍衛對方說話的權利。遇到觀點不合的，吵架也很正常，吵得漂亮的，是造福社會、造福人類；吵得水準有限又不自知的，也不用在意，就當對方是為了蹭個關注刷存在感。畢竟是出來混的，都不容易。

06 管不住嘴的人是沒有資格談未來的

行動力是去做你想做的事，而克制力是不讓你做你想做的事。

已故的前NBA職業籃球運動員科比．布萊恩（Kobe Bryant）在退休前曾說：「我的意志能經受得住消磨，但我的身體告訴我，是時候該說再見。」當時看到他最後一場比賽狂砍六十分，最後一記超難度的三分準絕殺，我熱淚盈眶，真想衝到現場——你不是還能打嘛，退什麼退！

當年鼎盛時期和科比一起的崔西．麥葛瑞迪（Tracy McGrady）、艾倫．艾佛森（Allen Iverson）都在好幾年前退役淡出了大家的視線。而科比以三十七歲的高齡還在打，還能打出這狀態，真是看到快哭了。

曾在網路上看到一篇發文，說有一哥們知道科比要退役了，為了去現場致敬偶像，這幾個月瘋狂鍛鍊身體，終於晒著一身肌肉去了現場。看著那哥們的線條，內心真是千萬頭羊駝在奔騰——這才是鐵粉，我就是一個大寫的魯蛇。

有食慾、沒克制力是人生最大的悲劇

有段時間沒見的朋友驚訝的問我：「怎麼有雙下巴了」、「你的肚子是懷孕三個月了嗎」、「你的胸都比我還大了」——內心是一萬點傷害啊。不久就要在深圳和讀者朋友們見面分享了，好歹人家也是付了錢的，難道就是來看你圓滾滾的肚腩和安西教練（看過《灌籃高手》的同學一定懂的，唉，暴露年齡了）那軟軟的雙下巴嗎？我開始深刻的反思，為什麼每天在嚷嚷要減肥做型男，為什麼不僅沒瘦反而更胖了？

結論是沒做到減肥增肌最重要的兩點：管住嘴，邁開腿。而前者明顯比後者要難很多。因為邁開腿需要的是行動力，而管住嘴考驗的是克制力。我自認為事業上還算是行動力不錯的人，但在身體上太放鬆了。在香港基本能做到每天去樓下的健身房撲騰幾下，雖然動作不夠標準，強度也不夠。

但要我管住嘴，這簡直是太難了啊。我口味重，好川湘菜、水煮魚、剁椒魚頭、火鍋、小龍蝦是最愛，對香港的粵菜幾乎無感。出差的話我更變本加厲，北京的脆皮烤鴨、上海小籠多汁灌湯包，和合作夥伴或客戶們一邊享受美食、一邊談商務合作，一吃就是一個多小時。雖然有幾次還特別提醒自己：「要控制哦，不要吃太多哦」，但是看著一桌美食，一直嚥口水，壓抑的感覺太難受了。再加上身邊人吃得甚歡，這一刻你都感覺自己被

「孤立」了。

快樂是短暫的，對自己失望卻是長久的。身上的每一寸贅肉，都是向生活妥協的標誌。我這何止是向生活妥協，都快五體投地了好嗎。**行動力是去做你想做的事，而克制力是不讓你做你想做的事。哪個更考驗人性，想必大家都清楚**。

話又說回來，邁開腿也好，管住嘴也罷，真正的減肥，是和時間的較勁。減肥不是摧枯拉朽的狂風暴雨，少吃幾頓飯就立竿見影，這樣只會帶來報復性反彈；而是檢驗優質生活習慣的產物，保持規律鍛鍊，維持適度飢餓、斷貪、禁懶。減肥簡直是時間的藝術、生活的禪學、人生的信仰。我們大多數人都是普通人，都會敗給時間。所以減肥永遠是一個最勵志、最無奈的笑話。

你什麼都沒有錯，只是（身體）太老了

另一個不願承認的現實是——年紀大了，基礎代謝下降了，燃燒同樣的脂肪，現在要雙倍努力了。以前說過，現在每一天都捨不得浪費，因為時間嚴重不夠用。其實，在時間的跑道上，還要對付另外一個「對手」，就是自己身體的不斷衰敗。以前覺得自己胖了，

只要到健身房高強度間歇訓練[7]或者堅持跑步，一段時間就能立馬瘦下來，哪用什麼節食；但現在要減肥，以前做八個深蹲，現在得做十六個才有同樣效果。身體基礎代謝變慢了，同樣的運動，半價的療效。

終於不情願的承認，「身體管理」某些程度已經比時間管理更迫切了。年輕沒有幾年，哪怕你老了還能保持著年輕人的好奇和旺盛的精神世界。但是，和年輕人一樣熬夜試試。上大學時，熬夜只要補一覺就回來了。現在熬夜後就跟倒時差一樣，得恍惚好幾天。

馬化騰曾說：「你什麼都沒有錯，只是太老了」。真的，如果還覺得年輕，趕緊動起來吧，趁著身體沒有衰敗之前，把該辦的事都趕緊去辦了吧。還有哪些遺憾想要彌補、哪些新奇的想法想去嘗試、哪些可笑的夢想想要去跟進的——在太遲之前，在你變得太老之前趕快去做吧。

真的，對於六塊腹肌和馬甲線，我壓根都沒有奢望過。我的需求挺簡單的，穿襯衫時，肚子上的那顆扣子，能有足夠呼吸的空間，不會一直被隆起的肚腩壁咚著，喘不過氣。我不奢望像張震一樣瘦得刀削的側臉，只要不是現在這刀削麵團一樣的側臉：正臉大、側臉寬、抬頭沒脖子、低頭雙下巴——簡直三百六十度無死角啊。《紙牌屋》第四季最後一集，安德伍（Underwood）面對著鏡頭，眼神鎮定冷酷，用演話劇的口吻說：We don't submit to terror. We make the terror.（我們不屈服於恐懼。我們製造恐懼。）是的，我不屈服於肥胖。

07 總得在人文薈萃處待幾年

一座城市能否吸引真正優秀的人，只有一個條件——前途。

即使有一天，我們離開了北上廣，這些年在城市裡浸淫出來的氣質，永遠都留在身體的血液裡，和靈魂的陰影裡，揮散不去。自己公眾號後臺的留言中，除了讀者留言和文章授權外，也有談商務合作，並希望有機會能見個面好好聊聊。我問你們在哪裡，多半的回覆是——北京。雖然平時多半身在香港、深圳，和北方這座三個半小時飛機的城市，產生的交集越來越多了。這半年裡，已經是第四次來北京。每一次來，所見的人、所談的業務，都更加豐富。朝陽的國貿、西城的金融街、北四環的中關村、東北區的望京 SOHO，還有德勝國際中心的出版社，北京的一切，似乎越來越熟悉。錢包裡一直備著北京的地鐵卡，

7 High Intensity Interval Training，簡稱HIIT，指透過短時間的高耗能運動，加上短暫歇息的方式來降低體脂肪率。

知道早晚尖峰時用得上。

你住的地方決定你的前途？

在西城金融街的星巴克，工作日的下午，外面炎熱、裡面擁擠，朋友從附近整棟央企的玻璃辦公大樓裡出來，赴和我喝杯咖啡的約。「你要不要考慮下來北京發展，看你最近一、兩個月就要飛來一趟，北京挺好的。」

講真的，我一直對北京的硬體設置有不少看法。比如首都機場根本不像一座一線城市該有的樣子；以及在這裡晴天是寶，路上的汽車引擎蓋永遠都洗不乾淨的樣子；還有這裡的交通定時癱瘓，食品安全好像一直都是個笑話。但必須承認，北京有最密集的資本，最厲害、最多元的人才，有最高的特權，也有最慷慨的空間。這裡每週都可以在辦公大樓裡聽到最新的資訊：創業的經驗、營運的方法論、大咖與大眾的對話。這裡生產著供全國人民消費的視頻，炒作著大眾需要的明星話題。

我的同事在香港念完書後，先在上海工作，又來到北京，一路空氣越來越差，精神卻越來越好。漸漸明白，一座城市能否吸引真正優秀的人，只有一個條件——前途。而「前途」可以讓他們忍受好些天只能戴口罩出門，忍受食品和水的不安全，忍受地面交通的癱瘓和地下交通擁擠得沒有尊嚴，還有賺錢速度趕不上的房價漲幅。

「前途」就是北上廣這些一線城市最大的「春藥」，彷彿擁有宗教般的號召力，告訴真菁英和自認為是潛在菁英的白領們，這裡能成就偉業、這裡能打破階級、這裡能讓你的人生從此不同。你們只要做夢想的傳道士和理想的僱傭兵，準備好勵志的心態面對這令人絕望的環境吧。你知道，稀奇古怪的想法能在這裡得到回應；天馬行空的個性能在這裡找到同類；無論多大的夢想和情懷，都能在這裡找到變現的可能。只有一線城市才能慷慨的獎勵那些最瘋狂的頭腦和想法。

前幾天看過一篇網路熱文，說二十幾歲在哪裡對你有多重要。大致意思是，有一天你離開後，這座城市的氣質，會一直在你身上，陪伴著你，影響著你的氣質和想法，甚至你自己都沒發現。但遺憾的是，並不是每一座城市都有這樣的魅惑和影響力。換過幾座城後，大多數城市會在記憶裡慢慢模糊褪色，漸漸聞不到它留在身上的氣息，慢慢想不起當年一起同居的歲月。

但北上廣這些一線城市，因為它們太豐富、太矛盾了，一面高冷、一面雅痞，如同電影《真愛伴我行》（*Malèna*）的莫妮卡（Monica）無法靠近，但你知道你每天夜裡都在她懷裡，聽著她的呼吸入眠。在這裡看過的展和話劇、聽過的分享會、聊過的高手、遇到的奇葩，都混合成這座城市的獨特氣味，沖進你身體的每一個毛孔裡，突變大腦的細胞基因。漸漸的，身體和靈魂，擁有了這座城市的氣質，就像紐約的「紐約客」。

城市和城市是不一樣的，如同姑娘和姑娘也是不一樣的，刻骨銘心的，終究只有內心的那一位。如能有幸征服，能吹一輩子的牛；如果黯然離場，也能說我當年有勇氣追過。也不失一段好故事和一段內心永遠的騷動，在夜晚彷彿還能聞到當年身邊飄過的城市香味。這裡酒吧的駐唱，歌聲彷彿更加深邃些；晚上城市的燈光，繁華得更加沉重些；夜裡走在馬路上，氣質彷彿都更加孤獨。上海一個朋友經常引用的一句話是：「TISH（This is Shanghai，這就是上海）」，帶些對生活的戲謔，和眉宇間的不屑。你們沒待過，你們不懂。哪怕有一天，你身體離開了北上廣。

你「曾住過」的地方，決定你的前途

從北京飛杭州的那晚，我約了公眾號「社長從來不假裝」的創始人江明碰面。他個人經歷也是略帶傳奇，北京八年，算是玩公眾號的第一批人，創立了公眾號「路邊社」，評論犀利、文字血腥，頗有大號風範。後來因為一些原因，他離開北京，回到杭州，另起公眾號「社長從來不假裝」。

離開北京微軟後，加入杭州阿里巴巴，如今自己創業。我們沿著半個湖岸來回走著，我問他為什麼離開北京。他說：「個人選擇而已，杭州也有不錯的資源，自己也算半個杭州人。」然而他和我說著在北京的那些年，我能感覺他語氣裡的懷念，表情裡的複雜，難以言說。

北京地鐵的票價漲了，北京已經太大，需要把一些人「趕」出城，這挺殘酷的。但是，是必要的。那些為堅持而堅持的人，北京真不是最好的歸宿。但是，哪怕你明明知道大城市是屬於菁英、土豪和民工[8]的，並不適合所有人。你就是要賴在這裡，哪怕明明知道**這城市不屬於你**，**那也是你的城市**，**和你只有一回的青春**。即使有一天，我們離開了北上廣，這些年在城市裡浸淫出來的氣質，永遠都留在身體的血液裡，和靈魂的陰影裡，揮散不去。

8　也稱為農民工、外來工，指的是為了工作從農村移民到城市的人。

08 要麼文藝到底、要麼好好賺錢

世界是屬於俗人的，因為他們更接地氣、更懂人性，他們走得更遠，因為——每個對人生嬉皮笑臉的人，內心都深沉得像大海。

不要小看身邊那些看起來很世俗的人，他們留給世界的世俗，都藏著內心的孤獨。大家都很喜歡《奇葩說》的馬東，也就是現在米未傳媒的大老闆，因為他在臺上「汙力無敵」，左手套路、右手黃段，還發明了打「花式廣告」[9]，動不動就膜拜金主……但是大家看得很喜歡，俗得那麼有趣、有態度。

其實馬東透露過，這樣才能讓觀眾覺得自己和他們是站在同一邊的，不會感到違和。人家不是反對你打廣告，人家厭惡的，是你收了錢打廣告還不真誠。但當馬老師在總結辯題時，或者參與辯論時，那嚴肅的表情、動人的神態，那一秒大家如同看到了男人的另一面。之前有多不正經，現在就有多深沉。

還有最近大紅的薛之謙，透過節目出道後，對他的記憶就是一首〈認真的雪〉，這些年算是淡出大眾視野。聽說他去開女裝店、火鍋店，直到去年開始成為段子手（類似臺灣的部落客）跨界成名，他也是走俗的套路，參加個節目，動不動就是「關鍵節目組錢給到位了」、「我就是為了紅來參加這個節目，多給幾個鏡頭唄」。

其實這也是說實話，藝人也是人。以前的人，要有格調、有姿態、有遮羞布，現在赤裸裸的說出來，不僅顯得真實，還多了幾分戲謔和自嘲的味道，多些幽默。

而薛之謙唱起歌來時，那種深沉和撕心裂肺，讓人有精神分裂的錯覺。這是大眾喜歡的套路。**我寧願你壞得真實，也不想你好得虛偽。**

做事不貪大，成功源於小事

「做事情不要嫌事情俗」這是我的一個朋友和我講的，我覺得特別有道理。有個朋友，做育兒類產品的公眾號內容創業。一年前開始初具規模時，在做戰略性討論，未來到底是走廣告變現還是電商變現。

9 安插廣告宣傳語和段子，在節目中頻頻出現，洗腦觀眾。

最後選擇了電商，他們的理由是電商雖然看起來比廣告要低俗一些，但是可以做大規模，做好護城河。如今一年過去了，他們每個月的銷量交易紀錄，財務上非常好看。最可憐的是端著姿態想脫俗，卻沒有脫俗的能力和資本。

很多人說咪蒙寫得太淺薄了，話題有些低俗。拜託，人家在南方系（指南方報業集團）待了多少年了，你還能比她更了解市場？寫作圈裡的人都知道，其實咪蒙是自降標準，她的文筆其實可以好更多。但是她深刻明白，就是這種通俗易懂的情緒體文風更受歡迎，更容易轉發，更符合互聯網的碎片化閱讀習慣。我猜咪蒙老師心裡明白，就是要賺錢，而她現在確實賺了好多錢。未來可以拿著這些錢繼續做好多想做的事。你笑別人太低俗，人家笑你不懂。

還有高曉松，一張大餅臉和「矮大緊」[10]的身形，確實夠突出，天天出現在各大綜藝節目，能比高曉松露臉更多的，我一時竟想不到第二人。關鍵是人家已經和自己的獨特外貌標籤握手言和了，一言不合就發自拍，微博自嘲哭訴小龍蝦被空姊拿走了……明明是大師，卻沒有大師的包袱和架子，沒有被名氣和輿論裹挾。俗得一塌糊塗，就開始產生另外一個詞，叫自由。現在的作家，需要有姿態的、離地半尺的，就說明他還需要去證明，或者有東西想掩蓋。

彎腰，有時比站直更高

我真這麼認為——**經常自嗨、自戀、自嘲、自黑的人，會更加忠於自己，獲得更多快樂**。

比如大家說作家馮唐是一個特別自戀的人，看過對他自戀黑得最狠的是這麼寫的：「我還是很喜歡馮唐的，我要是像他那樣，我也自戀、也和自己結婚、也宵宵歡樂多，就碾軋你們。」、「壁咚的變種有很多，馮式壁咚只能是面對鏡子，和鏡子裡我的影像悄聲說，你真棒。」我的天，這黑得實在太有水準了。

然後馮唐就發文晒這些黑自己的人，說：「沒辦法，做到了只能相信自己，除了自戀，還能怎麼辦？」然後文末加一句：「我自戀，關你屁事，哈哈。」真的，經常自嘲和自黑的人，是真正自信的人，而且也是真正有趣的人。做個自信的人、做個有趣的人、做個俗人，挺好。**一個人一開始姿態高了，就很難下來**；相反，**一個低到塵埃裡的人，會開出最漂亮的花朵**。

10 高曉松字取的筆名，為他名字的反義詞。

我承認小資是一種人生態度，文藝是一種生活方式。但有些人覺得自己的生活方式，比別人更高級、更有趣、更有派頭，那就不對了，甚至顯得有些淺薄了。前幾天參加一個論壇，演講的女嘉賓是史丹佛大學（Stanford University）畢業的，集各種光鮮頭銜於一身。但是聽她分享時，我總感覺哪裡不舒服。她眼神裡隱藏的優越感，聲音裡被壓抑的高幾度，讓我好想去……上個洗手間。

你是真的真誠，還是在表現真誠，其實是騙不了人的。當一個人比別人厲害一些時，他就會表現出這種優越，不管是自己意願還是環境所需；當一個人比別人厲害很多時，表現優越是件特別無聊的事，而且還會無意中傷害到別人。所以職業經理人穿訂製皮鞋、馬雲穿布鞋；高階主管戴名錶、李嘉誠戴電子錶。身邊真正的高手，即使買個奢侈品，也是最好看不到logo（標識）的那款。這種心態，特別正。

另外，有沒有發現，消費升級後，身邊出現了很多對生活能講究卻不能將就的人。自己本身收入沒達到這個級別的，出門吃飯非得吃那些很昂貴的餐廳，怎麼能將就街邊小凳的路邊攤呢。出門住酒店非得住Ritz-Carlton（麗思卡爾頓）或SPG（萬豪國際酒店集團）系的，住和頤或全季，那不行的，太低俗了，都沒有休息室、游泳池和健身房。其實能講究是好事，對美物的追求也是善待自己。但是，不顧一切的講究，不僅顯得淺薄，還有些愚蠢了。

比沒錢更可怕的是迷茫

我最近比較心儀的一句話是——**你所謂的迷茫，只是錢賺太少**。經常有朋友和我說現在特別迷茫，不知道自己的未來要怎麼走。其實很多人的迷茫，還抬不到因為夢想或人生意義、世界和平這個層面上，更多的就是因為錢賺太少了，快速增長的物質需求和鼓不起來的錢包之間衝突不斷。

我見過的那些真正的創業者，往往都是達到了財務自由後才來創業，希望能改變這個世界，或者實現人生更高維度的價值，他們成功的機率更高，格局也更大。真的，反倒是有錢人，恰恰是沒那麼功利的那些人。

如果你問一些女孩子：「妳的人生夢想是什麼呀？」舉凡回答是世界旅行，或者在某個文藝的地方開個咖啡館之類的，一般都是涉世未深的小姑娘，特別文藝。而熟女一般的回答都是：「養活自己、買套房、經濟獨立、財務自由、嫁個好老公，或者有了這些後，再談談夢想。」

這就是夢想呀，特別世俗，也世俗得可愛。**要麼你就文藝到底、要麼你就好好賺錢。世界是屬於俗人的，因為他們更接地氣、更懂人性，**他們走得更遠，因為——**每個對人生嬉皮笑臉的人，內心都深沉得像大海。**

09 小心那些掏空你時間的美好事物

在這個時代，我們真正要警惕的，不是騙你錢的人，而是不知不覺掏空你時間的所謂「美好事物」。

因為自己開了一個不大不小的公眾號，又出了一本不知道能不能暢銷的書，所以就莫名其妙的以一個所謂「職場作家」的野路子[11]身分，混進了現在門檻越來越低的作家圈和作者群。

認識了一小撮真正厲害的作者，上能文藝、下懂商業；能看到時代未來、能深刻理解人性。對他們我大表服氣。但同時驗證了那句話——任何行業都是經不起細看的，無論外表多麼高大上。這個圈子也一樣，優質的永遠只有那二〇%，永恆的80／20法則。

大概總結就是：一群沒經歷世事的人寫心靈雞湯，一幫沒混過職場的人談成長方法。比如寫心靈雞湯的，一般文字功底不錯，療癒系，卻較少有現實的殘酷體驗。因為做不到具體事物具體分析，也寫不了深刻的主題，經常會有一種站著說話不腰疼的感覺。文章的套路大多是「人生就是……」、「女人怎樣過得好？」、「最好的婚姻，就是……」、

「王寶強離婚這件事，要選擇低調些……」我的天，這涉及重要商業利益的戰略表達好嗎，你們家要是出了這檔子事，你低調一個看看。

汪峰替小人物吶喊，但摟的是子怡

大多數寫心靈雞湯的作者，面對生活和情感的問題時，並不能處理得比你更好。然而今天要吐槽的並不是心靈雞湯，心靈雞湯這兩年開始沒那麼流行了，因為一幫有知識、有文化、有腔調的讀者在崛起。所以現在市面上賣得好的所謂的暢銷書，或公眾號裡轉得火的文章，開始流行另一種文體，講如何進行時間管理、身體管理，講如何對付壓力和拖延症，消除負面情緒，講如何從低俗變牛，你和女神之間差這N種方法、N加一種思維等等。總歸一句話——如何成為厲害的自己。這種文體，我統稱為「成長雞湯」。

在鄙視生態鏈裡，寫方法論的鄙視寫雞湯文的。他們定位自己為「乾貨」，貌似更深

11 指非正常途徑，或非正統方法。

刻、更犀利。所以看知乎的比逛豆瓣的，有說不清、道不明的自我優越感。你們是治癒，而我在成長，哼！

而事實，真是這樣嗎？並不是。比如有一種成長類文章的標題特別受歡迎，標題一般是〈如何締造非凡人生〉、〈做到月薪十萬元，難嗎？〉、〈你的勤奮，品質太低〉等等。然後我和他們有一些人聊天，聊職場，發現他們的職場認知其實挺淺的，甚至有些要真去混職場，那是立馬掉入職場陷阱、被耍得團團轉。如果進黑社會，屬於熱淚盈眶替老大蹲監獄，最後還被老大弄死在裡面的類型。

你看過一百篇類似「如何月入十萬」主題的所謂方法文，也只不過換來短暫意淫的高潮。而寫類似主題的作者，九九％自己的收入都沒達到這個數的一半。他們需要你們的點擊率來撐起他的溢價，另外的五萬收入，嗯，就靠你們來貢獻啦。所以，明白了嗎，寫成長雞湯的，雖然目的是幫助小人物成長、獲得財富和美好人生，但最終真正獲取財富、成為人生贏家的往往不是讀者們，而是提供這些雞湯的人。因為這個社會是浮躁的，希望成長、致富、逆襲，是每個小人物的冀望，只不過，讓雞湯文作者撩到了敏感神經。需要的和收穫的，並不是同一群人。

就像為小人物吶喊的歌手汪峰，〈怒放的生命〉和〈飛得更高〉唱得我們熱淚盈眶。多少人生命怒放了我們不知道，但汪峰是摟著子怡、駕著豪華車，確實飛得更高了。沒有任何黑的意思，這就是市場的邏輯，就與互聯網「得『屌絲』[12]者得天下」的黃金法則同一個道理。從這方面講，成長類雞湯和心靈雞湯，本質是一樣的。**發表深度洞見不是重要的，撩起大眾情緒才是重要的；講得對錯不是重要的，幫助大眾宣洩才是重要的**；再找個泛娛樂的時代，你爽你開心，才是核心訴求。

小心那些掏空你時間的美好事物

再說現在越來越火的內容付費市場。首先我自己是擁護者，內容即是勞動，勞動是光榮的，好的內容確實值得付費換來交易，這才是健康的市場規律，才不會被只吸睛的爛文「劣幣驅逐良幣」。但是，隨著付費內容更豐富、更多元，如果我們有限的時間精力和注意力過多的放在這些裡面，而減少了真正學習一些技能的時間。其實消耗的那些錢都是小錢，最重要的是時間消耗，那才是最大的「隱性成本」。**在這個時代，我們真正要警惕的，不是騙你錢的人，而是不知不覺掏空你時間的所謂「美好事物」**。

12 渴望獲得社會的認可，但又不知道怎麼去生活的人，沒有目標缺乏熱情。

另外，厲害的人不會以高姿態去說教。有一期節目，一哥們為了融到投資人的錢，張口閉口說自己是金牌銷售員，不給我錢以後一定後悔。然後幾位大咖評委的表情就很微妙了，我猜潛臺詞是：你這個傻子。因為當時我心裡就是這句臺詞。最後果然沒融到錢，悻悻離開，女評委說了句：「哪有金牌銷售員一直說自己是金牌銷售員的。」**一個人越缺乏什麼，就越去捍衛什麼。**

以自己過去的經歷來教導別人如何走未來的道路，終究是很蠢的表現。所以零度寫作[13]，是我一直嚮往，卻一直達不到的境界。我們聽過很多道理，看過很多方法論，依然過不好一生。有句臺詞——「**小孩講對錯，大人談利益**」。職場上人與人的交往，說白了，就是遵循市場的資源互換。你想上牌桌，和大佬們一起玩，先要掂量一下自己的江湖地位。而江湖地位，不是人家特意餵給你的內幕八卦、不是你第一時間打開的二手趨勢洞見，而是**你鍛鍊了一個核心技能，創造了一個獨特價值**。**這些技能和價值，是別人需要**，讓他們想來和你主動連接，甚至願意拿黃金白銀買你的時間。所以，多花些時間鍛鍊自己才是正道，不要讓所謂的半吊子成長雞湯，榨乾你的時間和世界。

最後，我想說：「其實我自己也是這類半吊子。你要相信，我所講的，都是錯的。」

⑩ 混亂，往往是好機會的登場方式

混亂就是稍縱即逝的好機會，為了抓住這個機會，哪怕後面有再多麻煩，都是值得的。

佛家有云：「一切都是因果，一切都是無常。」對我來說，一切是不是都是因果，我不知道，一切都是無常，我信。我們對這個世界、對商業、對社交的認知，都在被顛覆、被破碎，我們過去的經驗，無力承載世界的現狀。不是我不懂得愛，是世界變化太快。不管我們願不願意，我們都要面對這個至少在我們內心是失控的世界。因為新生事物以我們無法想像，和無法理解的速度向我們撲面而來，打得我們猝不及防。

品牌商的市場部迷茫了，拿著錢準備投放廣告，突然發現傳統媒體的效果不好了，但是新媒體投放又看不懂套路，有錢沒處花了，朦朧了。傳統企業主們也迷茫了，現在的消

13 指作者在文章中不摻雜任何個人的想法，以客觀、冷靜、從容的抒寫。

費者突然不愛他們生產的價格便宜的東西了，消費者說，我們只要物美，價格我們不在乎了。哦，原來突然間有個詞叫做消費升級。

很多想要理財的人也迷茫了，聽說現在銀行理財已經落伍了，聽說互聯網理財收益特別高，而且操作特別方便。但是安不安全呢，看不懂呀，出了事怎麼辦，投還是不投呢？

很多打工仔也迷茫了，原來穩定的鐵飯碗，怎麼一夜之間就不穩定了，甚至被鄙視了。那些在外面打拚的，當年不如自己的小夥伴，怎麼就突然發跡了？

是的，這就是我們所面臨的失控的世界，來得太快了，讓我們來不及消化，所以內心一直迷茫著。

做了再說、錯了再改

除了新生事物來得太快，混亂的另一個原因是，變化太快、週期太短。比如前兩年共用專車（如 Uber）剛改變我們的出行方式，使我們終於養成了坐專車的習慣了，現在共用單車（如 U-bike）又來了。比如前兩年一直看不懂新媒體是什麼情況，今年終於看明白了，結果人家說紅利期已經過去了、沒機會了。我們要麼老了、要麼慢了，反正就是這個世界，和自己好像都有關係，又好像沒什麼關係。

問題是，未來已經到來，我們不能做一隻鴕鳥，躲在原來的世界裡，我們只有擁抱這個充滿魅力，但又混沌的新世界。所以，準備好撅起我們的屁股，用正確的姿勢，迎接這個混沌的新世界。

正確姿勢之一：**別想太多，先進去再說**。這句話不能更對了。亞馬遜創辦人暨執行長傑夫．貝佐斯（Jeff Bezos）說過一句很有爭議的話：「**什麼是混亂，混亂就是稍縱即逝的好機會**，為了抓住這個機會，哪怕後面有再多麻煩，都是值得的。」一極端點說，一個人其實應該在自己沒準備好，甚至可以說是**根本就沒準備的情況下，見到機會馬上就行動**。看到機會不顧一切先進去再說，以不符合成本的低價搶占市場，然後再面對根本吃不下來的流量、資金流斷裂的危險和各種技術問題。

聽上去很激進對不對，其實是有道理的。前兩天在上海和中國目前最大的移動視訊網站的總裁聊天，他們正在和另一個短視訊的巨頭相互激烈競爭，另一家融資五千萬元後拿出兩千萬元用來買粉絲。當時他不理解為什麼要這麼做，甚至感到不屑。但是現在覺得，對方是對的。當年的流量多便宜呀，現在的流量多貴呀。所以，只要目標清晰，就要激進一些。因為**時間是最大的對手**。

再舉一個身邊的例子。好朋友費怡在深圳錄我自己的第一期職場視訊節目，她的職場歷程是從百度到哈佛商學院，再到現今的今日資本的副總裁。我問了她一個問題：「對於職場人，最重要的素質是什麼？」

她分享了一句話：「Sit at the table.（中文翻譯過來就是：上桌）」，她解釋說：「對年輕人來說，**遇到專案縮在後面，是永遠不能成長的**；**一定要積極主動，坐到桌子上來，承擔責任和風險**，不放過任何一次機會，哪怕自己不夠資格。」是主動和勇敢才讓她在職場有了現在的樣子。

「當年在百度有百度地圖的大專案，我主動要求參與。一開始沒有經驗，經常被主管批評，但是我一直不停的問、不停的學習。直到最後專案結束的那一天，專案主管對我終於從批評變成了誇獎。」她後來去今日資本實習時，也從來不把自己當實習生，而是用正式職員，甚至是高層的自我管理標準要求自己。哪怕實習結束後回到哈佛繼續念書，也一直關注著今日資本的動態，並主動提供有用的資訊，最後才進了今日資本，才有了今日的資本。而今日資本給她 offer 時，也絕不是做最基礎的分析員了，直接給了VP（Vice President，副總裁、副總監）的頭銜。

其實在相談的過程中，我有好幾處都挺感動的。每一個如今光鮮亮麗的人，都是在菜鳥階段付出了比別人多N倍的努力，暗地裡吃了許多不為人知的苦。只不過這些故事不講出來，別人看不到。很多人是自己親手關上了職場上升通道的門。機會這個東西，不是平行分布的，不是說錯過這個機會，還有下個機會可以撿。**機會是屬於層層嵌套式的，你只有抓住現在這個機會，下個機會才會為你打開大門；這個機會沒抓住，下個更好的機會也**

不會屬於你。

所以，當你要抓住一個機會，是要拚命的。很多時候，你錯過的代價，實在太大了。

混亂就是常態，我們要做的，就是擁抱混亂，**在動盪的環境裡，努力保持動態的平衡**。

⓫ 每種生活方式都很好，只是都有代價

熟悉的地方沒有景色。景再美，看多了，也就無感了。

身邊的朋友圈中，有一類人他們常年飛不同的城市，頻繁穿梭在北上廣深。他們中有投資人、有創業者，或供職於大公司。看他們朋友圈狀態，昨天還在深圳，今天就吐槽北京的霧霾大；前兩天還在上海茂悅頂層泡著腳，晒外灘和陸家嘴全景，今天就「哈囉，香港」了。

SPG的酒店早就住到了金卡，他們會流利的和你分析北京哪家酒店的早餐更細膩、上海哪個餐廳的咖哩更正宗、哪家航空公司的服務更出色。講真的，以前的我，挺羨慕這種生活方式的，一天在不同的城市吃三餐，在不同的酒店看夜景。

如今自己的生活節奏也差不多是這種狀態，雖然自己大本營在香港，但一個月真正在香港的時間不會超過半個月。其他的日子，經常幾天在北京、幾天在上海，或者杭州、深圳。這時我才深切體會，其實這種生活節奏，有時候也挺可憐的。

你沒過我的生活，就別說羨慕我的生活

首先，這種生活把我從一個喜歡坐飛機的文藝男生，硬生生變成了飛行恐懼患者。怕路上塞車，提前一個多小時到了機場，飛機一般還不整點飛；航班延誤是常態，有時候準點了，竟有一種中了彩券的驚喜感；空中幾個小時的噪音，如果不坐頭等艙，感覺像在一個狹小的空間被關禁閉；住好的酒店，如果自己花錢就有些肉疼，公司報銷呢，一般都到不了理想的住宿級別。有些人還認床、認空間，身體明明很累，但睡不同的枕頭和床，就經常睡不好。

而且最要命的是，頻繁的出差導致生活作息的不規律，帶來很多負面影響。比如像我這種易胖體質，只要飲食不規律、作息不規律就要發胖。所以結果是好不容易在香港減肥鍛鍊瘦了幾公斤，出個差回到公司，祕書說：「你是不是又胖了」——心碎一地。

經常在不同城市飛的人，會滋生蔓延出一種情緒——無歸屬的孤獨感。就像《阿飛正傳》裡矯情的劇本——「我聽人家說，世界上有一種鳥是沒有腳的，它只可以一直的飛呀飛呀，飛累了便在風中睡覺。」

有些人說，你們站著說話不腰疼，你看你們多幸福呀，可以去不同城市邊工作邊旅遊。就像很多人說空姊可以全世界飛，邊工作邊玩，最幸福了——唉，這明顯就是周邊人的

過度美化。

前段時間我幫香港航空十週年寫了序，認識一些空服朋友，我說妳們這職業很幸福，各處旅行。她們說：「算了吧，第一，你到了那座城市後工作很緊；第二，如果一個地方你去多次了，再好的風景，也會覺得就那麼回事了。」其實我理解這種感覺——熟悉的地方沒有景色。香港維多利亞的景再美，看多了，也就無感了。工作就是工作，就算去另一個城市出差，也只是換個辦公場景而已。我們早就不熱愛探索熟悉的本身了。

我有一個朋友在騰訊市場部，上週剛好都在上海，就見面吃個飯，順便談事情。她拎著旅行箱，說趕下午的飛機回深圳，在深圳沒兩天，昨天早上五點鐘就爬起來，趕早班機飛往北京。每次見到她，都是妝容精緻、衣著得體，輕描淡寫的談笑自己奔波的生活。

在這座城市裡，其實有蠻多朋友的，但是飛機一落地就有忙不完的事，外面開會、酒店打電話。運氣好時能和朋友一起吃個晚餐，但是有時來不及見上一面，就又飛去另外一個地方。

每次見到親人朋友感覺特別溫暖，不過馬上要切換模式，自己離開、獨行，落差感蠻大的。為了自由，要放棄日常的陪伴，這是代價。看到的都是光鮮，看不到的都是苟且。就像電影《七月與安生》，每個人心中都有這種狀態，既是七月，又是安生。既想要生活的穩定和確定，又渴望外面的新鮮與自由。**每種生活方式都很好，只是都有代價。**

選擇一座城市，決定一種人生

雖然大城市有大城市的忙碌，但是讓你選擇回到三、四線小城，去過「現世安慰，歲月靜好」的生活，好像又回不去，也不願意。人就是這麼做作，就是這麼賤。

城市最大的魅力在於，一是能提供給每個人未來更大的可能性，二是城市高密度的豐富性，讓每個身處其中的人能得到更多元的體驗，好像自己的生命被延長。對於希望追求新鮮和豐富生命體驗的人，這種城市生活狀態挺好的。因為經常去那些城市，慢慢熟悉了北京中關村的創業大街、國貿的酒店，上海的陸家嘴、外灘，有腔調的淮海路和新天地、深圳的歡樂海岸、創業灣廣場，香港的尖沙咀和中環、廣州的小蠻腰、成都的太古里、重慶的解放碑……每個城市都很精彩、每個城市都有故事。

早晨醒來時是恍惚的，怎麼突然就在另外一個地方了。離開酒店，走在城市的大街上，有幾個瞬間，會覺得不太真實。而且，一座城市吸引你的，肯定不是城市本身，而是城市的人。做公眾號的好處之一，就是可以在這個平臺結識很多不同地方有意思的人，那些甚至根本不會有交集可能的靈魂。

有一個讀者在我公眾號的後臺發來一張我的新書照片，留言說蘇州誠品店有賣我的書，希望有機會來蘇州開讀者交流會，願意幫我張羅。作為偽文青的我，早就知道蘇州開了中國第一家誠品書店，而且聽說場地規模和設計都很讚。於是那天結束上海的簽書交流活動後，第二天就跑去了蘇州。在誠品店看到自己寫的書擺在自己喜歡的書店裡，內心還是挺虛榮的。更有意思的是，當時準備麻煩旁邊的陌生女孩幫我們拍張照，而那姑娘得知我就是這本書的作者後，很驚喜，還叫了身後扛著單眼反光相機的攝影師，我們就一邊聊一邊拍了好多照片。雖然在蘇州只停留了幾個小時，但之後回憶這座城市，就不再會是一個地名而已。挺幸運的。

城市就是一瓶濃縮的人生精華液，滿足了我們貪婪的人生體驗欲。城市就是一個話劇舞臺，給予我們個性和誇張的表達空間。你若愛，生活哪裡都可愛；你若恨，生活哪裡都可恨。一旦清楚自己想做什麼，就是幸福的。

我的好朋友，品質生活大師洽總，最近又跑了國內外好幾個地方，每個城市在他的視角裡都顯得那麼不尋常。我常問：「你怎麼總這麼有閒情逸致，總是做一些看似無關商業痛癢的探索與分享。」

「別人在逃離，那我們就在這裡尋找並創造新天地。」創作缺乏靈感或心緒不寧時，我就喜歡一遍又一遍看他的城市新視角。上海的格調社交、北京的匠心紅牆、蘇州的閒雲野鶴。不再害怕熟悉的地方沒有景色。即便是城市中下榻的酒店，洽總也有了新的玩味。上海和頤至尊的典雅、東四如家精選的時尚、蘇州水岸寒舍的靜謐。每一個落腳點，因為人的態度，讓我們感受到相得益彰的不尋常。

12 看到的都是光鮮，看不到的都是坑爹

任何一份多麼喜歡的工作，都會有幾次想要辭職的衝動；任何兩個多麼恩愛的人，都會有幾次過不下去的瞬間。

今年幾乎一、兩個月就要飛北京一趟，但是碰上這樣程度的霧霾，還是頭一回。飛機落地從機場回酒店的車上，看著這座模糊昏暗的城市，心也沉重起來。突然覺得雖然香港壓力大，但至少空氣好，抬頭能看得見藍天白雲。想到這裡，竟有一絲幸福的感動。

坐在專車裡，雖然戴著口罩，但眼睛還是感到澀澀的疼，想流淚。司機先生沒用口罩，我問他天天這樣，不會不舒服嗎。他笑著說，習慣了，沒啥不舒服的。看著模糊的窗外，交警戴著口罩在能見度極低的馬路上指揮交通；整理城市的清潔人員騎著腳踏車，他們應該沒戴口罩在外面忙碌了一整天吧。和北京工作的朋友吃飯，聊著要開文化傳媒公司的想法，他們笑著說：「當然來北京呀。」我說：「但是這霧霾也太恐怖了吧，你們也太拚了。」他們回說：「所以我前段時間買了你們香港的重大疾病保險啊，買完後心裡踏實多了，沒啥好擔心的，哈哈。」

這是我今年聽過最冷的笑話。我真心覺得在北京工作挺慘的，同樣是一線城市，為什麼一定要在北京奮鬥呢？然後朋友語重心長的和我說：「北京是最壞的城市，但北京有最好的資源。」

世上沒有一件工作不辛苦

在北京工作坑不坑人我不知道，沒在這裡生活過，就沒資格評判。我問了身邊的朋友，有些甚至還是大家所羨慕的行業——你覺得你的工作坑爹嗎？居然所有人回答都是：「我的工作超級坑爹的。」一頓吐槽。

我認識幾個做時尚的網紅朋友。看她們朋友圈真是一種享受，今天在巴黎街拍，隔兩天又飛到紐約看時裝週。

凡是晒在朋友圈的照片，都是一張張人像壁紙。我說妳們這職業是不是很幸福啊，天天換好看的衣服、去不同的城市，還有專業攝影師團隊。她說完全不是，你自己不是拍過寫真嗎，才拍了一下午就說眼睛被閃光燈打得掉眼淚。我們天天都這樣還要擺出一副很自然、很享受的表情，超累。

被她這麼形容，真心覺得——看到的都是光鮮，看不到的都是各種坑爹。做代購的就更慘了。香港有些內地港漂[14]業餘或全職做代購生意，賺個免稅和匯率差的錢。看起來好像還不錯，不就是買買東西，然後人肉帶回或者寄給朋友、客戶嘛。但是，據做代購的朋友說，這才是真正的苦活，賺的是賣白菜的錢，操的卻是賣白粉的心。

現在人民幣貶值，香港的價格優勢越來越小，再加上中國線上電商興起，出境旅遊也方便，代購需求大大降低，單品利潤也少得可憐。且利潤少的同時，還得服務好。代購行業競爭激烈，大家不只拚價格，還拚服務。

客戶要求細碎多樣，乳液要分清爽和滋潤型、面霜要問清楚日霜還是晚霜、唇膏的色號一點不能錯、手機的顏色規格要不停確認，鞋子、衣服、包包更是尺碼顏色款式繁多。要拍照、詢價、比對，跑遍各區商場找款式、找折扣。常常一天下來，腿都要斷的節奏。發貨收款後掐指一算，也真沒賺多少錢啊。

操心也就算了，這個過程浪費的時間才是最可惜的。現代生活和職場，時間才是最寶貴的成本。與其把時間花在買的途中，真不如多看書、多思考，進修考證，提高競爭力。

---

14 泛指到香港留學及工作的中國人民。

再好的工作，也有一百次想辭職的衝動

有一些朋友，香港碩士畢業後，去到著名電視臺、公關公司或國有企業上班，聽起來頭銜都很響亮。實際上呢，電視臺每天的工作就是搬運機器、做清潔、給節目組打雜；公關公司天天加班到凌晨，做的事就是把客戶名字輸入百度或是谷歌搜索，然後將出現的網頁和新聞一條條複製貼到 Excel 表格，毫無技術含量；在國有企業的，目之所見都是內部管理混亂的問題，權責不清、激勵機制差、工作瑣碎無聊，學不到東西，每天混日子。這些工作的薪資更是微薄得可憐，也就剛好夠租房和吃飯。

後來這些朋友基本都離職了，紛紛表示不要只在乎單位頭銜，你實際做的事有沒有價值，你本身有沒有學習成長，職業發展的長期潛力，才是更需要在乎的東西。

不過給簡歷混個好背景也挺好的。

還有人遇到的工作，不是被工作本身刁，而是工作裡的人刁人。比如遇到不給力的同事和極品老闆。有的同事自我且情緒化，溝通成本極高，明明五分鐘能說好的事，得花五十分鐘識別、照顧、安撫，再花五十分鐘換位思考，和對方的自我固執做「鬥爭」……隊友不給力，工作很累心。

要是遇到極品老闆，他喝著奶，給部屬吃著草，還一副已經對你們很好的樣子，分

分秒秒想幹掉他。我認識一位個人能力極強，但就是帶不好團隊的老闆，她的風格就是隨時只顧自己利益，對部屬摳門苛刻，也不懂得分享知識經驗。對部屬的建議都是面服心不服，當耳邊風吹過，照樣我行我素，團隊人才流失嚴重。

有一句話是這麼說的：「**任何一份多麼喜歡的工作，都會有幾次想要辭職的衝動；任何兩個多麼恩愛的人，都會有幾次過不下去的瞬間。**」真的，看到的都是光鮮，看不到的都是坑爹。

國家圖書館出版品預行編目（CIP）資料

如何循序漸進撐起自己的野心：
這世上，比賺得少更可怕的，是迷茫，
這本書一定可以給你意想不到的答案。
／陳立飛（Spenser）著；
--二版-- 臺北市：大是文化, 2022.07
272面；17 × 23公分 --（Think；239）

ISBN 978-626-7123-48-5（平裝）

1. CST：職場成功法

494.35 111007158

Think 239

如何循序漸進撐起自己的野心

這世上，比賺得少更可怕的，是迷茫，
這本書一定可以給你意想不到的答案。

作　　者／陳立飛（Spenser）
責任編輯／蕭麗娟
校對編輯／張慈婷
美術編輯／林彥君
副總編輯／顏惠君
總 編 輯／吳依瑋
發 行 人／徐仲秋
會計助理／李秀娟
會　　計／許鳳雪
版權經理／郝麗珍
行銷企劃／徐千晴
業務助理／李秀蕙
業務專員／馬絮盈、留婉茹
業務經理／林裕安
總 經 理／陳絜吾

出 版 者／大是文化有限公司
臺北市 100 衡陽路 7 號 8 樓
編輯部電話：（02）23757911
購書相關資訊請洽：（02）23757911 分機 122
24 小時讀者服務傳真：（02）23756999
讀者服務 E-mail：haom@ms28.hinet.net
郵政劃撥帳號／ 19983366 戶名／大是文化有限公司

法律顧問／永然聯合法律事務所
香港發行／豐達出版發行有限公司 Rich Publishing & Distribution Ltd
地址：香港柴灣永泰道 70 號柴灣工業城第 2 期 1805 室
Unit 1805, Ph. 2, Chai Wan Ind City, 70 Wing Tai Rd,Chai Wan, HongKong
電話：2172-6513 傳真：2172-4355
E-mail：cary@subseasy.com.hk

封面設計／林雯瑛
內頁排版設計／ Judy
印　　刷／緯峰印刷股份有限公司
出版日期／ 2022 年 7 月二版
定　　價／新臺幣 390 元（缺頁或裝訂錯誤的書，請寄回更換）
ISBN 978-626-7123-48-5
